p28：作業の傍ら、フィルムカメラで写真を撮りためている。北海道といえど、夏の下刈りは過酷だ

（上）p38：〈KITOKURAS〉のカフェと日用品店。香川・丸亀の小さな材木屋が伝える「木と暮らす」日々
（下）p47：岐阜の製材会社、山共の工場風景。丸太を角材や板材に削りだす製材機

p55：岡山・美作にある〈ソメヤスズキ〉のマリーゴールドで染めた衣装（©片岡杏子「能登家の家族写真」）

（上）p64：兵庫・丹波をはじめ全国の間伐材を使った手づくりカホンは、ドラム代わりにどこへでも持ち運べる
（下）p73：岐阜・郡上で活動する里山保全組織〈猪鹿庁〉。獣害や猟師の高齢化など様々な“事件”を解決する

森を伐る人

p82：静岡のソマウッド。現代のキコリは市場に木を卸すだけじゃない。お施主さんとの大黒柱伐採ツアー

（上）p91：蜂獲り師の仕事。高知の急峻な山間でも、こよりを頼りにオオスズメバチを追う
（下）p101：かつての“筏師”の宿を再生した〈喫茶・食堂 瀞ホテル〉。奈良・十津川の瀞峡を望む

森で採る人

p111：山形・月山の春。ゼンマイ採りひとつとっても、受け継がれてきた“暗黙知”が横たわる

(上)p121：小説『神去なあなあ日常』では、登場人物の目と心を通して林業の魅力と底力に迫った
(下)p126：俳優らの体当たり演技が光る映画『WOOD JOB!』。通常撮影の何倍も手間がかかった（©2014「WOOD JOB！～神去なあなあ日常～」製作委員会）

（上）p134：国産の内装材を提供するgreenMom。ヒノキのB級品床材の断面形状を生かした壁面デザイン
（下）p143：〈保健農園ホテルフフ山梨〉の森林セラピー。森は、一人ひとりの窮屈な気持ちや緊張を緩ませる

（上）p152：香川の六車工務店がつくる家は、まっとうな職人の手によるまっとうな仕事に支えられている
（下）p161："そこに住む人"にこそ楽しんでもらいたいという、大分・湯布院、マルマタ林業の森づくり

（上）p170：エッセンシャルオイルの蒸留。北海道・下川から山仕事の空気感ごと香りにのせて届ける〈フプの森〉
（下）p179：森林率95%の岡山・西粟倉で、ヒノキ家具というタブーに挑んだ、〈木工房ようび〉

（上）p188：岩手・住田の松田林業が目指す、再生可能エネルギーによる被災地の復興
（下）p197：静岡県職員として、林業女子として。林業の世界で頑張る仲間の姿が、まちと森をつなぐ原動力

森で育てる人

p206：鳥取・智頭にある森のようちえん まるたんぼう。森は年中無休で子どもたちの最高の遊び場だ（撮影：熊谷京子）

（上）p215：〈林業女子会@東京〉のメンバー。都心に住む女子も、毎週末山に通っては山仕事を楽しんでいる
（下）p224：岐阜・高山の実家、井上工務店から、林業による再生可能エネルギー研究の道へ。創業者の祖父と

森ではたらく！

27人の27の仕事

編著：古川大輔・山崎亮

学芸出版社

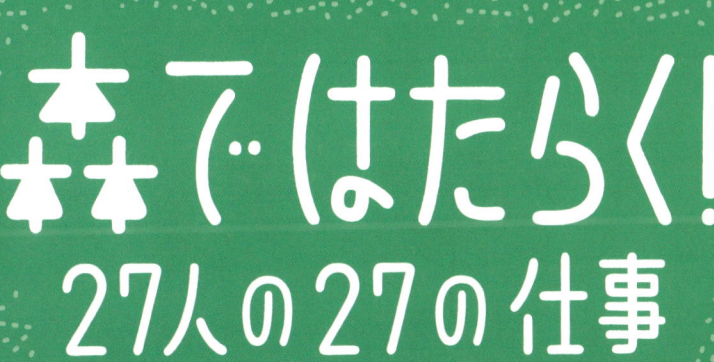

森ではたらく27人

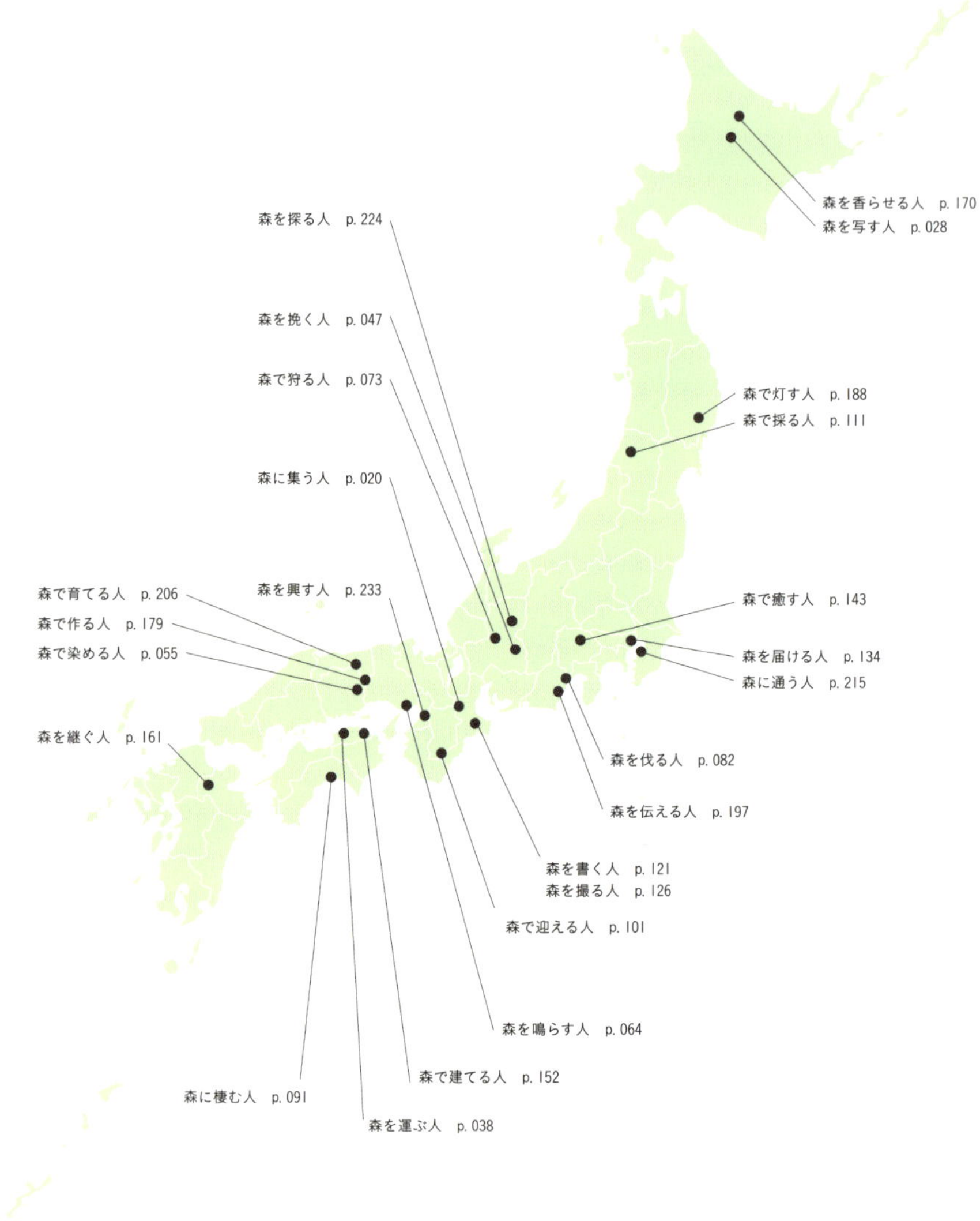
森を香らせる人 p. 170
森を写す人 p. 028
森を探る人 p. 224
森を挽く人 p. 047
森で狩る人 p. 073
森で灯す人 p. 188
森で採る人 p. 111
森に集う人 p. 020
森で育てる人 p. 206
森を興す人 p. 233
森で作る人 p. 179
森で染める人 p. 055
森で癒す人 p. 143
森を届ける人 p. 134
森に通う人 p. 215
森を継ぐ人 p. 161
森を伐る人 p. 082
森を伝える人 p. 197
森を書く人 p. 121
森を撮る人 p. 126
森で迎える人 p. 101
森を鳴らす人 p. 064
森で建てる人 p. 152
森に棲む人 p. 091
森を運ぶ人 p. 038

はじめに

――――森ではたらく人たちは、素敵だ。編集チームであるわれわれは、彼らの生き方に触れたくて探るうちに、27通りもの仕事に出会うことができた。「森を伐る人」「森を挽く人」「森を香らせる人」「森で育てる人」……彼らの日常は、自分が生まれる前と死んだ後の、だいたい100年くらいの時間を行き来している。彼らの仕事は、小さな生き物や木の繊細な表情と向き合いながらも、何ヘクタールという単位で、やがて風景を変えていく。そんなスケール感と常日頃から対峙している彼らは、自然を感じ取り嗅ぎ分ける鋭敏なセンサーを持ちながらも、「えいや!」とどんぶり勘定で進む度胸を持ち合わせ、仕事と暮らしが絶妙に混ざり合うなかで、「はたらく」すなわち生きることを日々クリエイトしている。

森という言葉が語られるとき、そこには2次情報が溢れ、なんとなく環境や自然といったぼんやりとした輪郭があるのではないだろうか。しかし、日本の大部分を埋め尽くしているそれは、確かにそこに存在し、そこではたらく人たちがいる職場なのである。この本では、彼らに等身大の想いを綴ってもらうことで、それぞれの目を通して見た、はたらく場としてのリアルな「森」像を描いてみたかった。

読み終えたとき、読者の皆さんはなにを感じるだろうか。彼らの古くて新しい一風変わった生き方は到底マネできないと思うだろうか。あるいは、な〜んだ自分と変わらない普通の人なんだと親近感を覚えるだろうか。限りなく多彩でクリエイティブ、痛快でひたむきな、森ではたらく27人の世界へようこそ。

古川大輔
山崎亮

はじめに

プロローグ：今、森に向かう理由

――森に集う人――コミュニティデザイナー……山崎亮（studio-L）020

森ではたらく人：まちと森をつなぐ仕事

――森を写す人――林業家、写真家……足立成亮（out woods）028
――森を運ぶ人――材木屋……熊谷有記（山一木材 KITOKURAS）038
――森を挽く人――製材屋……田口房国（山共）047
――森で染める人――染織家……鈴木菜々子（ソメヤスズキ）055
――森を鳴らす人――カホンプロジェクト代表……山崎正夫（SHARE WOODS）064
――森で狩る人――猟師……永吉剛（猪鹿庁）073
――森を伐る人――林業ベンチャー経営者……久米歩（ソマウッド）082
――森に棲む人――蜂獲り師、野遊び案内人……熱田安武・尚子（あつたや）091
――森で迎える人――食堂・喫茶オーナー……東達也（食堂・喫茶 滸ホテル）101
――森で採る人――山伏、山菜・キノコ採集者……成瀬正憲（日知舎）111

森を描く人――林業というナリワイを描いて、見えてきたこと――

――森を書く人――作家……三浦しをん（『神去なあなあ日常』著者）121
――森を撮る人――映画監督……矢口史靖（『WOOD JOB！』監督）126

――森を届ける人――国産材コーディネーター……川畑理子（greenMom） 134
――森で癒す人――森林セラピスト……小野なぎさ（森と未来） 143
――森で建てる人――建築家……六車誠二（六車工務店） 152
――森を継ぐ人――山林経営者……合原万貴（マルマタ林業） 161
――森を香らせる人――森林組合職員、樹木精油生産者……田邉大輔・真理恵（下川町森林組合、フプの森） 170
――森で作る人――家具職人……大島正幸（木工房ようび） 179
――森で灯す人――林業家（木質バイオマス事業）……松田昇（松田林業） 188
――森を伝える人――公務員（林業職）……イシカワ晴子（静岡県庁） 197
――森で育てる人――森のようちえん運営者……西村早栄子（智頭町森のようちえんまるたんぼう） 206
――森に通う人――週末林業家……堤清香（林業女子会@東京） 215
――森を探る人――大学院生（環境経済学）……井上博成（京都大学大学院） 224

エピローグ：森のこれから

――森を興す人――林業再生、地域再生コンサルタント……古川大輔（古川ちいきの総合研究所） 233

プロローグ：今、森に向かう理由

森に集う人

山崎亮

（やまざき　りょう）コミュニティデザイナー、studio-L代表、東北芸術工科大学教授（コミュニティデザイン学科長）、京都造形芸術大学教授（空間演出デザイン学科長）。1973年愛知県生まれ。地域の課題を地域に住む人たちが解決するためのコミュニティデザインに携わる。著書に『コミュニティデザイン』（学芸出版社）、『ソーシャルデザイン・アトラス』（鹿島出版会）など。

穂積製材所プロジェクトの森歩き。家具づくりの体験だけでなく、健康な森がどれほど気持ちいいものかを体感してもらうプログラムもある

「森ではたらく」という言葉は魅力的だ。緑に囲まれて、健康的で、ご飯が美味しい。そんなはたらき方が想起される。「都市ではたらく」という言葉とは明らかに違う印象だ。電車で通勤し、ディスプレイの前に座り、会議室で議論したり営業で頭を下げながらはたらくのとは違う。でも、確か数十年前までは都市ではたらくことがトレンディでナウいものだったはずだ。逆に、森ではたらくことはそこから抜け出すべき対象として捉えられていたような気がする。この印象がいつの間にか逆転してしまった。

1945年頃まで、日本の総人口に占める都市人口の比率は2割だったそうだ。残りの8割は森に近い場所に住んでいた。ところがその後の60年間に都市人口の比率は8割まで増え、森の近くに住む人は2割に減った。かつては憧れだった都市ではたらくことが一般化し、むしろ森ではたらくことが貴重な体験になった。さらに、里山の重要性が見直されはじめたこと、食生活やエネルギーのあり方が問われるようになってきたこと、そしてインターネットや携帯電話が普及して情報の格差が軽減されたことなどが、新しい森でのはたらき方を生み出した。森ではたらき、きれいな空気を吸い、自然の流れとともに生活する。広々とした家の室内や庭はどこからでもインターネットに接続できて、必要な情報を必要な時に得ながら暮らし、地元で採れた食材が食卓に並ぶ。そんなはたらき方や暮らし方が新鮮な輝きを持って私たちの前に現れたのである。

そうなると都市ではたらく多くの人も森でのはたらき方が気になりはじめる。当然のことなのかもしれない。なぜなら、日本の総人口の6割は森の近くではたらいてきた人の孫や子どもたちなのである。いま都市ではたらく人のなかにも、祖父や曽祖父は森ではたらいていたという人が多いはずだ。祖父母や両親の代から都市生活を始めたものの、なんとなく森ではたらくということが気になるという人がいるとすれば、それは家庭でのしつけや食事の味、人生で大切にすべきことなど、祖父母や両親から無意識的に引き継いだものの多くが、森ではたらき、生きることの流儀に関係しているからかもしれない。

かく言う私も、森ではたらくことが気になっている人間のひとりだ。典型的な転勤族の家庭で育った私は、概ね4年に一度の転校のたび、新しく開発された郊外住宅地で暮らすことになった。そういう場所はたいてい森に隣接していた。住宅地の辺縁部に接する雑木林にすぎないのだが、兄弟や友達と一緒にそこで遊ぶのが楽しかった。自分にしか登れない木を見つけて得意になったり、秘密基地をつくったりした。ところが、何年かすると決まってそういう森は開発され、後にはブランコや滑り台がちんまりと設置された児童公園になった。「つまらない場所になったな」と感じたことを今でも覚えている。

そんな体験があったからだろうか、大学に入ってランドスケープデザインを学ぶようになっても、人為的に公園をデザインするより森のままにしておけばいいじゃないかと思うことが多かった。空間を整えて美しい風景をつくることも可能だが、森のままにしておいて、人の活動や組織を生み出すことで遊び方を工夫したほうが結果的に美しい風景ができあがることもある。私はどちらかというと後者に興味があった。

そしてそれは森ではたらく人たちから学んだことでもある。森ではたらく人たちは、美しい風景をつくることが目的で森に入っているわけではない。自分がそこから得たいものがあるから森に入るのだが、採りつくしてしまったり放置し続けたりすると継続的に得られるものが少なくなってしまう。持続的に森から利益が得られるよう、ルールを決めたり民話をつくって語り継いだりしてきた。安全に利益が得られるよう祈ってきた。そういう所作が美しい森の風景を生み出してきたのだろう。美しい風景をつくるために木や花を植えたり道をつくったりすることも大切だが、人と人とのつながりをつくったり活動のルールを決めたりすることもまた、風景をつくることにつながるのではないか。これがランドスケープデザインからコミュニティデザインへと仕事の比重が変化した理由のひとつである。本書に登場する田邊大輔・真理恵さんは、エッセンシャルオイルについて「香りが店頭に並ぶとき、美しい森と一緒に力強くはたらくへルメット姿の人々が目に浮かぶくらいがいい」という。まさに我が意を得たりである。

コミュニティデザインの仕事を始めて3年が過ぎる頃、三重県伊賀市島ヶ原地区で製材所を営む夫妻に出会った。それが穂積製材所プロジェクトの始まりである。人口が減少し世帯数も減少する日本において、今後も新しい住宅をつくるための建材を製材し続けるだけで製材所の未来はあるのか。もちろん、これからも住宅の更新は続くだろうから、一定数の建材は流通し続けることだろう。しかし、これまでほど多くの製材所が必要とされるわけではなくなる。とはいえ、製材所は森とつながっている。必要ないからといって製材所がどんどん減っていくようでは、美しい森もまた少しずつ減ってしまうことになるだろう。

そこで、製材所の新たな活用方法を検討することにした。穂積製材所では、今後も建材を生産し続ける一方で、スギやヒノキを使った家具づくりを進めることにした。私たちがデザインした家具をつくって販売するだけでなく、家具づくりの体験プログラムを開催することもある。参加者とともに森を歩き、健康な森がどれほど気持ちいいものかを体感してもらうプログラムも実施している。参加者が家具をつくればつくるほど森の木を切り出し、植え直すことができる。できることは小さなことかもしれないが、家具づくりを通じて美しい森づくりに関わってもらいたい。そのきっかけとして穂積製材所プロジェクトを実施している。

2007年から関わったプロジェクトは準備に7年を要した。その間に、工房をつくり、広場をつくり、休憩小屋を6棟建てた。いずれも製材所で製材した木材を使い、学生インターンや社会人ボランティアなどがつくり続けた成果だ。試作品をつくり、何度か体験ツアーも行った。そしてようやく、2013年からお客さんを呼んで家具づくりワークショップがスタートした。

プロジェクトの準備が始まった2年目に、大阪の某所で講演を頼まれた。始まったばかりの穂積製材所プロジェクトについて話をしたところ、当時そこで働いていた熊谷有記さんと出会った。本書にも登場してもらった熊谷さんは実家が製材所を営んでおり、将来は穂積製材所のようなことをやりたいと思っていると語ってくれた。それから数年後、彼女から「大阪での仕事を卒業し、実家の製材所で新しいプロジェクトを始めました」と連絡があった。実際に現地を見に行ったところ、とても素敵なプロジェクトが進んでいた。穂積製材所プロジェクトが一番参考にしているのは熊谷さんの〈KITOKURAS〉という活動である。

コミュニティデザインは森の仕事から多くのヒントを得ている。人と人とのつながり、人と物とのつながり、物と物とのつながりを生み出す仕事だからこそ、つながりの生態系を撹乱してしまうとプロジェクトの持続性が危ぶまれることになるからだ。地域の中で無理なく活動を続けていくための組織はどうあるべきか、資金調達はどうあるべきか、物質循環はどうあるべきかをじっくり考える。そしてプロジェクトをゆっくり進める。穂積製材所プロジェクトが準備に7年を費やしたのは、このためだ。

そして、このときヒントになるのが森ではたらく人たちの知恵だ。つながりのなかで生きていくことに長けた人たちから学ぶことは多い。

都市ではたらく人にとっても、つながりがますます重要な時代がくる。これまではつながり

をなるべく切って、自由気ままに生きていくことが推奨されてきた。自立した個人として誰にも頼らずに生きていくことが奨励された。しかし森ではたらく人たちはそう考えていない。誰にも頼らず1人で生きていけるとは思っていない。そして今、都市ではたらく人たちも「実は誰にも頼らずひとりで生きていくことなんてできないんじゃないか」と気づきはじめている。阪神淡路大震災や東日本大震災は、その大きな契機になったことだろう。本書に登場する松田昇さんが、震災時に薪ボイラーで暖を取りながら気づいたように、私たちは決して誰にも頼らずに生きているわけではない。

だからこそ、森ではたらく人たちからもっと多くのことを学びたい。知っているようでよくわかっていない森での仕事を詳しく知りたい。そこにどんな魅力や可能性があり、苦労があるのかを読み取りたい。私はそんな気持ちで本書の編集に加わった。なお、先ほど東京生まれ東京育ちの父親に電話で確認したところ、私の曽祖父は新潟で森に関わる仕事をしていたそうだ。父親は定年退職後、仲間とともに森に入って木を伐ったり炭を焼いたりしている。息子の私が森に興味を持つのは当然の流れなのかもしれない。

本書が都市ではたらく人の生活を少しでも豊かなものにするきっかけになれば幸いである。さらに、そのうちの何人かが実際に森ではたらくことになれば望外の喜びである。人口の6割はもともと森の近くで働いていたはずであり、それによってこの国は美しい森を維持してきたはずなのだから。

森ではたらく人

まちと森をつなぐ仕事

森を写す人

足立成亮

（あだち しげあき）〈out woods〉代表。１９８２年北海道生まれ。２００６年〈gallery micro.〉代表。２００９年㈱グリーンたきのうえ勤務。２０１１年滝上町役場林政商工観光課林政係勤務。２０１２年〈out woods〉と称し独立。北海道旭川市を拠点に森林作業道作設と造材作業、森と共に生活を送りたい山林所有者のための森林整備を行っている。林業現場のリアルな空気感を伝えるため、作業の傍らフィルムカメラで写真を撮り発表を始める。

北海道の木 トドマツ を伐る

北海道の森で山仕事を始めて5年。山道をつけたり、山の手入れをして丸太を売ったりと、森やその所有者と近い関係が保てるように、小さいサイズの林業を行っている。フィルムカメラを仕事現場に持ち込み撮影、現像、プリントをして、自分の届く範囲の人たちに発信している。現場作業員、町役場林政職員を経て今、駆け出しの一人親方として活動するなかで思うこと、「もっとヒトの目をこの世界に入れたい」。写真はそのためのツール。過去に「林業写真展」を地元札幌で開催した。

ヤマの写真家失格

2013年10月の肌寒い朝。気の早い紅葉と深い針葉樹の緑、うっすら積もった雪、なんとなく漂う靄。鳥が鳴いて小沢が流れ、枝をかすめる風の音が聞こえる。

「いい景色になった」と独り言、写真を撮りながら自分がつけた森林作業道を歩いて終点へ。昨日までフル稼働していた〝ユンボ〟(土を掘るパワーショベル)が置いてある。トラックが入れるところまで降ろして次の現場に搬送する、という日だ。予備の燃料を入れてさて、と、乗り込もうとしたとき。

ガサガサガサガサ、10m先、笹薮から体を半分くらい出したヒグマがこっちを見ている。不意を突かれ「なに？　ずっとそこにいたの？」と声をあげると数歩前進して熊が立ち上がる。体長2m超、少しイラついている。山で熊と出会うことはたまにあるが、さすがに距離が近すぎる。丸腰だ。車も遠い。カメラと携帯だけ持って20分歩いて登ってきたのだから。アドレナリン全開状態のなか、カメラを構えると熊が前進。これはヤバイ……。ユンボに乗ろうと車体に手を掛けると奴は身構え唸る。迂闊に動けない。

あの手この手でやり過ごし、なんとかヤマを降りた。撮った写真を現像すると、ブレブレで真ん中になにやら大きな黒いカタマリが……。説明抜きには「熊」と認識できないレベル、悔しい。写真を発信する身としてプライドが許さず誰にも見せていない。ヤマの現場は条件が厳しく、仕事に支障が出ては意味がないので思う通りのタイミングで撮れないのが悩みだが、実際にはたらく人間が撮ることに意味があると信じている。作業中、休憩中、移動中、道具、仲間、森の様子……リアルな空気をなるだけそのまま閉じ込めた写真を撮りためていきたい。

仕事と仕事場

現在の拠点は北海道旭川市。林業用語で「造林・森林作業道作設オペレーターと先行伐倒手・山子・造材作業機械オペレーター」、そして一般向けの森づくり提案や整備もしている。つまり山に苗を植え育て、山道をつくって木を伐り出して丸太にするそのときには、重機の運転もチェーンソーなどの手仕事もして、「林産業」以外に山菜採りや山歩きなど森でのアクティビティを楽しみたい山主向けに森に手を入れて〝入りやすいヤマ〟を創造します、という仕事。森が親しみやすくなって喜ぶ山主の顔や施業後も続く関係は他に代え難い。安定しない収入を補うために薪を売るとこれがなかなか反響があり、もう少し拡大しようと作戦を立てている。そのなかで林業写真は趣味でもあり、仕事の一部。クオリティの高い現場写真はいわば営業ツールだ。多くを語らずともイメージが伝わり、リクエストを引き出しアイディアを産む。

仕事場の森に通う日々のなかでその世界を見知っていく。季節や時間の移ろいから生まれる奇跡のよう

上：雨宿り／下：現場に向かう車の運転中。道は下草でほとんど見えない

に美しい瞬間、命の終わりに立ち会うこともある。作業のなかでは、ヒト社会とのせめぎ合いも垣間見る。人間が今までつくってきた全ての色やかたちの見本があるように思えるほど森は多様で、それぞれ全てが絶妙のバランスで成り立っている。過ごすほどに感覚は研がれ、日常に霞み薄れていく「生きている」ということの本質につながっていく。好きな森は？　オススメは？　と聞かれることがあるけれど、それは答えるに難しい。起こりうる問題が「問題なく」解決されていく世界、それを「自然」と呼ぶのだろうな、と、森から感じ取ることができたとき、今そこにいる森が自分にとって最高の場所になるから。

熊とユンボの取り合い

緊張の時間だったけれど、写真を撮り損ねた熊との出来事が最近で一番印象に残るものになった。笹薮から出てきた彼は体をゆすり、こっちをチラチラ見ながら行ったりきたり。「こんにちは!!」ビクッと体を硬直させながら「フゥーッ……」と熊。こちらも負けずに「今日はいい天気だね!!」「ブフー……」。意味不明のやり取り。

しばしの沈黙、見つめ合う二人、冷静さは取り戻した。熊に天気のハナシってなんだよ……と。すぐ襲ってくる感じではなさそう、初めからユンボばかり見てるし、よく見たらかわいい顔をしてる。彼の動きにも緊張感がなくなってくる。

目を離した隙にユンボの座席に滑り込むと、思い出したように勢いよく向かってくる。ヤバイ!!　運転席が外にむき出しのユンボだ、操作レバーに囲まれるとかえって自由が利かない。とっさに出た言葉は

「俺のユンボだぞコノヤロー!!」、山に響く声の主が急に大きなユンボと同化したせいか、奴の動きが止まりじっとこちらを見つめ、また互いの間合いを取り直す長い沈黙。自分の心臓と、秋風の音が耳につく。エンジンをかけてもウロウロと足を踏み鳴らす彼に「おい！」と声を掛け、バケット（ユンボのショベル）でズンと地面を叩いて注意すると少し怯んだので、ゆっくり出口へ向かって動き出す。熊はしばらくついてきたけれど、そのうちつまらなさそうな尻を見せて森の中へ戻っていく……。

熊に詳しい知人に顛末を話した。見つけたユンボが気に入ってそこに居ついたが、そこに後からやって来た者が自分のお気に入りをいじくっているので、奪われると思いおもしろくなかったのでは？　ユンボが動いているのについて来たのはその執着の表れかもしれないね、と。たしかに、振り返るとそんなやり取りにも思える。事件でも危険でもない、ヤマで起った自然の出来事。

「俺が先に見つけたのになにいじってんだよ？」

「いや、これ俺のだし、持って帰るし」

「後から来たくせに、昨日からずっとここに居たんだぞ！」

「その前からずっと使ってるんだよ俺は……」

「いーや、俺のだね」

「いやいや、俺のユンボだから！」

ゴメンよ、熊。でも俺のユンボだから。

気がつくと木の写真ばかり

子供の頃から写真が好きで、大学のサークルは写真部、撮っては暗室に篭る日々。企画展や合同展、イベントに頻繁に参加し自らも展示を企画、個展も催した。札幌の繁華街ススキノに残る古民家を改装し、仲間と、展示やイベントのための空間〈gallery micro.（ギャラリー・ミクロ）〉を立ち上げた。生計はギャラリー使用料と週末開くパーティの酒代。昼夜問わず滅茶苦茶なライフサイクル、無法地帯のようなシェアハウス、好きなことを好き勝手に騒がしい毎日。楽しかったけれど、そんな刹那的な生活もいい加減にと思いはじめる。勤めようと考えたが、広く一般的な勤め人のイメージはしっくり来なかった。

自分がはたらいている姿を真剣に思い浮かべたとき、場所は森だった。ふと自分の写真を見返すと、発表する作品には必ず木が写っていた。そうか林業か。北海道北東に位置する滝上町の「㈱グリーンたきのうえ」に、作業員として就職。とにかくヤマを歩き回った。2年後、誘いを受け「滝上町役場林政商工観光課（現林政課）」に臨時入職。デスクワークの日々。現場で経験した仕事の管理発注など、行政的な業務の一端を経験、林業に対する認識の幅は格段に広がった。やりがいは感じたが、次年度の勤務続行を辞退した。自分の居る場所はやはりヤマだった。

〝森と人をつなげたい〟と旭川市を拠点に道内を駆け回る「NPO法人もりねっと北海道」代表、陣内《じんのうち》雄《たけし》さんとの出会いがあった。ヤマへの想いと感覚が同調し、一緒に仕事ができる人だと確信した。助力をいただきながら、まずは一人親方から始めることにした。この先思い描く自分のシゴトに必要な技術を

上：紅葉とユンボ／下：現場へ向かう朝。秋の冷たい風、落葉の匂い、山に響く雄鹿の遠鳴き

身につけるため、森林作業道のスペシャリストの下に2ヶ月間の押しかけ修行へ。スーツケースにチェーンソーを突っ込み飛行機に乗り込もうとすると、ロビーで警備員に囲まれた。ビジネスホテルの部屋は木屑のからんだ作業着にまみれた。千年も昔から木と共に生きてきた仕事人たちのヤマへの姿勢を見て、その世界をナメてかかっていた自分に気づかされた。また一歩、気持ちが前に進んだ。北海道に戻り、雪解けを待って旭川での活動をスタートさせた。期待と不安とカメラをぶら下げながら。

森と街のあいだ

未熟ながら思う。森から出してこなければならないもの、持ち込まなければならないものがたくさんある。伐った丸太や、作業機械や技術のことではなく、もっと目には見えにくいモノのことだ。

「林業は大変だ」と言われる。確かに。木は山の斜面に生えていて、大きく重く食べられず、畑や海のようにはいかない。生きものだから、鉄やコンクリのように質が一定じゃない。収穫まで最短50年、長くて千年以上。効率重視の社会のなかでは、ビジネスどころか仕事の意味や意義すら見えづらい。時に、現場が陸の孤島に思え、楽しみ方を忘れ、シゴトが愚痴に覆われることもある。独り言しか口にしない1日。木屑と汗と筋肉にまみれた男だらけの毎日。人とはすれ違わず、木々のあいだをすり抜け歩く。街が遠い。

どんな産業もビジネスも、それなりの創意工夫で失敗や問題を乗り越え、速く遅く進みながら今がある。林業には「見えること」が必要だと思っている。イメージがあれば人は考え、近づくことができる。そしてアイディアやモチベーションがヤマに還ってくる。「林業」が前へ進んでいるならば自分もそれと同じだけ前へ、止まってしまうならば、進む原動力のひとつとして前へ。丸太と一緒に切り撮った現場写真を持ち歩くのは、自分なりにシゴトを楽しんでいくため。森に持ち込みたいのは、モノをつくり上げ進み続ける力の源、「人の気持ち」だ。

里山で日暮れまで作業をしていると、遠くの方で街の光が灯りはじめるのが見える。暖かい気持ちになるのと同時に、心がすんとするのを感じたとき思う。また来たか、ないものねだりが……。そういうときは、森の中から街を撮る。

筆者

■ out woods…

街にあるときは木々枝葉に隠された森や林業の空気感を身に纏い、森にあるときは都会的な感度を忘れずに常にクリエイティブな視野を。シゴトとアソビのあいだ、ヤマとマチのあいだ、職業というよりはライフスタイルであること。森の中からきこりがひょっこりと今日の仕事を終えて出てくる、そんな風景が日常になること。ヒトと森の関係が常にフォトジェニックであること。そんなイメージを一言で表そうとしたとき頭に浮かんだのが「out woods」。そのまま屋号にした。

始めたばかりでなにもないが、あと残り50年ある。２０６４年、最後まで自然と街のあいだで森を磨き、自分で植えた木でも収穫してヤマを降り次につなぐとき、沢山の伝える価値あるモノを携えていて、見た目も中身も格好いいじーさんでいられたら最高だよね、と今は思っている。深い雪を強く踏み冬を切り抜け、そしてまた秋に向かってゆく、そんな北らしいスタンスでout woodsを前に進めてゆきたい。

森を運ぶ人

熊谷有記

（くまがい　ゆうき）山一木材３代目、〈KITOKURAS〉代表。１９７８年香川県生まれ。２００２年立命館大学卒業。２００４年スペースデザインカレッジ卒業。飛騨の家具小物制作販売会社、東京のデザイン事務所を経て、２０１０年実家の材木屋、山一木材㈱に入社。「木と暮らす」ことを伝えるプロジェクト〈KITOKURAS〉を立ち上げる。材木屋の見習いをしながら、材木屋の隣の小さな森に開いた、カフェや日用品店、ギャラリーや、マルシェなどを通じて、長く楽しく気持ち良く美しく木と暮らすことを伝えている。

「ほんまもんである、毎日使える、使うほどに美しくなる」をテーマにした材木屋の隣の日用品店昨年の秋、うちの材木屋の小さな森の中にあるカフェに「ハチミツスダチ」「ハチミツレモン」というメニューが数量限定で登場した。手前味噌だが、これがすごくおいしかった。念願かなって手に入れた「にょっきりヒノキ」を本家に持つニホンミツバチの恵みだ。冬になる前には売り切れてしまったのだけど、サラっとしていて、やさしい甘さで、ほんのり木の香りがするようなはちみつと、同じ森で採れたレモンやスダチでつくってある。

木と暮らす、ニホンミツバチ

私は香川県丸亀市綾歌町栗熊という、亀や熊や栗や歌だのというのほほんとした名前の土地で、3代目として実家の材木屋、山一木材で見習い中の身である。「今だけじゃない、未来にもいいものを。」というテーマのもと、4年前に「木と暮らす」ことを伝えたくて、KITOKURAS（キトクラス）というプロジェクトを立ち上げた。それを伝える場所として、森の中のカフェや日用品店、ギャラリーを運営したり、マルシェなどの催しを開いたりしている。

冒頭で紹介したその人気メニューがカフェに登場するまでには、いくつかの出会いと事件があった。それは10年ほど前に山一木材初代で、木の目利きである金四郎じいちゃんが、高知の市場で大きなヒノキの木を買ってきたことに始まる。胴の中心部分がウロ（幹にできた空洞のこと）になっており、根元の直径は3mほど、山に立っていたときには高さ35mはあったであろう大木。高知の檮原《ゆすはら》地域の木で、樹齢約500年。その存在感があまりに圧倒的なので、倉庫に眠らせるにはもったいないと、くにじ社長が「にょっきりヒノキ」と名付けて、工場の入口に立てて飾ることにした。スタッフにもお客さんにも愛着を持たれるようになってしばらくたった頃、その大きなにょっきりヒノキに、小さな小さな友達ができた。ニホンミツバチがやってきてウロに巣をつくったのだ。珍しい品種になってしまったニホンミツバチがにょっきりヒノキをわが家として選んだことがとても誇らしかった。ニホンミツバチは優しい蜂ともいわれ、人を刺すようなことは滅多にないといわれているのだが、永遠の少年とも呼ばれるくにじ社長が「反応を見てみたかった」とにょっきりヒノキを金槌でトントン叩いては、びっくりしたニホンミツバチに刺されるというあきれた珍事件や、たまたま私が地域情報紙の取材を受ける日の朝に、ぼーっとラジオ体操をしていたところ耳と瞼を刺され、あわれな顔写真が情報誌に載ってしまうという我ながら気の毒な事件もあった。ちなみに、くにじ社長は後に「バチでなくてハチがあたったなぁ」と静かにつぶやいていた……。それでもいつか、その胴の中のハチミツをいただければと考えるのが楽しかった。

彼らが住み着いた数年後に、森に手づくりの木製巣箱を設置した。カフェの常連さんだった蜂博士おじさんに、「うまくいけば、ウロをひっくり返さなくても、その巣箱からハチミツをわけてもらえる」と教えてもらったのだ。それから3年経った昨年、ついにニホンミツバチたちが分蜂（一部の蜂が巣を出て新しく巣をつくること）して、KITOKURASの森のハチミツが収穫できるようになったのだ。独り占めするとまたバチが当たりそうだったので、カフェのスタッフと相談して、金四郎じいち

1.KITOKURASの森の恵みでこしらえたハチミツレモン／2.森の木々を望むカフェ。下には池も見える（香川はため池が多い）／3.楽しい工場を目指して、木の陳列を試行錯誤している／4.毎年開催している、夏の大・木工教室／5.木と暮らす、HONMAMONマルシェ

1

2

3

4

5

ゃんの森の畑で採れる無農薬のスダチとレモンをいただいて絞ってハチミツと合わせ、お湯やサイダーで割ってお店で出すことにした。それがうちのカフェの人気メニューだ。スダチやレモンのさわやかな酸味とハチミツのこっくりとした甘さで、思い出すだけで、よだれが出てしまう。くにじ社長と私が刺されたことは間抜けなアクシデントだったけど、金四郎じいちゃんがにょっきりヒノキを高知で買って来なければ、カフェをオープンしていなければ、蜂博士のおじさんがお客さんじゃなければ、あの「ハチミツスダチ」も「ハチミツレモン」も味わえなかったのだなと思うと、人やモノ・コトが出会う森になりつつあることが感慨深く、その森から、木材だけでなく食べ物までいただけた美味しい事件だった。

■木と暮らす、きっかけ

この小さな森の中で、毎朝、私の生活はスタッフ全員でラジオ体操をするところから始まる。というと、なんと牧歌的で、おそらくハチミツでもなめながら森ガールなノリでのんびりとはたらいていそうだと思われるはずだが、どうして1日は24時間しかないのだろうと思いながら楽しくもばたばたと過ごしていて、私には計画性という言葉が欠落しているように反省する毎日だ。しかし、今でこそこうして日々忙しくも楽しく材木屋に身を置いている訳だが、実は数年前までずっと、どうやって材木屋から逃げようかということばかり考えて生活していた。

幼い頃、会社にかかってくる電話に出れば「ニケンノサンゴカクジュッポンイタ」(「2間の三五角10本いた」で、「4mの105㎜角の柱を10本ください」という意味。イタはさぬき弁でくださいの意味)などという、尺貫法に基づく大工さんの呪文のような木の注文は、なにを言っているのかわからなかったし、木を担ぎ続ける父や祖父の肩には自然に体を守ろうと毛が生えているのだけど、自分の肩にそんなものを生やしたくなかった。なにより、ひとつずつ違う木の性質を読み、建築材料として適材適所に提案している父や祖父の仕事はとても難しそうで、私には到底できないような気がしていたからである。大学では社会学を専攻し、卒業後、デザインの専門学校に再入学し、飛騨の家具屋を経て、大阪と東京に軸を置くデザイン事務所ではたらいていた。デザインという仕事を選んだのは、心と頭のどこかに、材木屋とリンクできるかもと思っていたからで、逃げながらも、この材木屋のことが引っかかっていたのは確かだった。材木屋がいよいよ気になりはじめたのは、デザインの仕事で出会う多くの職人さんに、毎回尊敬の念と、どうにかその技術が続いてほしいと願う気持ちが蓄積された頃。ふと我に返ると、四国の実家には未来に残した方がよさそうな材木屋がある、と少しずつ気づかされた。心が固まったのは、坂本龍一さんが主催するmore treesというプロジェクトで、木のブローチをデザインさせていただいたとき。自分の手元に届いたいろんな樹種の商品サンプルの木目が本当に美しく、心底感動してしまったのだ。こんなに美しい表情をつくれる木とは、どんな素材なんだろう、という素朴な疑問からどんどんと材木屋の仕事に惹かれていって、山一木材に帰ってKITOKURASを立ち上げるに至った。デザインという仕事を経て、肩に毛の生える男社会だと思っていた材木業界にも、女性じゃないとできない提案や仕事があるはずだと思えるようにもなっていた。

■木と暮らす、森

KITOKURASの魅力のひとつは、森自体がカフェの客席でもあり、散策が簡単にできるところだ。小さな森の中には所々にベンチが据えられていて、カフェで購入した飲物や食べ物を、木のトレイに載せて移動ができ、ピクニックをするように召しあがっていただくことができる。もちろん森の様子は1日として同じ日はなく、雨の日には、木々の葉から、予測不能なリズムで、傘にぱらぱらと落ちる水滴の音が楽しい。晴れた日は森の池のあちこちで甲羅干しする亀にも会うことができる。金四郎じいちゃんとくにじ社長、スタッフ一同で手入れをする森のあちこちには、季節ごとに小さな花々が咲き、見た目にも変化の楽しい森だ。香りも季節や天気によって違っているし、森から頂く食糧も楽しめる。ヤマモモやクリや柿、前述の

1

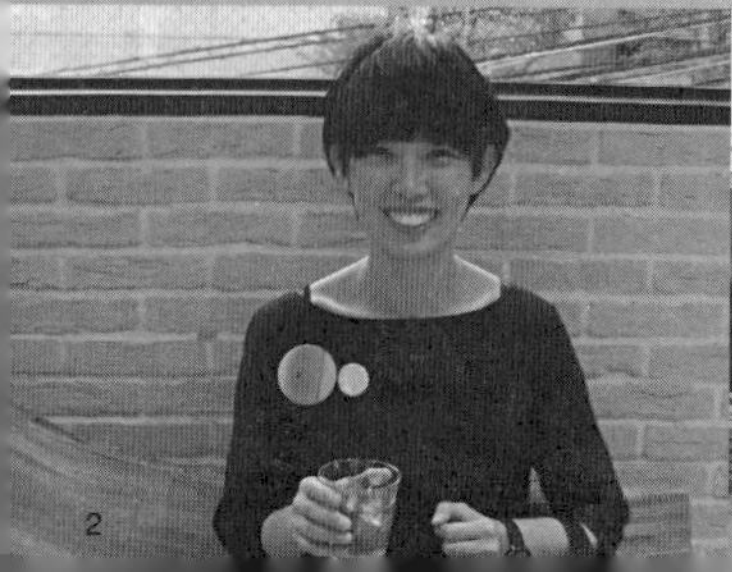

2

3

レモンにスダチ、ハチミツ……。こんな風に、わたしたちはこの小さな森を、五感で楽しめるような森になればいいなと思いながら手入れをしている。見て、触って、香って、聞いて、味わえるような、森。回り道のようだけど、「木と暮らす」ことを伝えるのは、木材が植物であって工業製品ではなく、生きている素材なんだと伝えることに他ならないと強く信じているので、KITOKURASの森の中で生きている木々の様子を、楽しく、気持ち良く、美しく体感してもらえたら、と思うのだ。

■木と暮らす、わたし

山一木材で、初代の金四郎じいちゃんと2代目のくにじ社長が築き上げてきたこだわりは、「できるだけ高齢樹の木目が細かい無垢の木を、自然界にある温度で乾燥して材料を用意すること」そして「適材適所、柔軟で迅速な加工技術を提供する」である。そのまんまの木を日本の先人たちが蓄積して来た大工技術を駆使して使う。そのこだわりを貫くためには、実際に材料の使い手となるお客さんに木の特徴を知ってもらわないと、私たちは材木屋を続けて行くことができないと強く思う。「木と暮らす」ことを伝えるプロジェクト、KITOKURASはそうして誕生した。

時代劇のなかで材木屋は「そちもワルよのう」なんて言っているし、材木屋さんにはお金がたくさんあって、3代目のお嬢さんが趣味でカフェや雑貨屋さんをやっているんだろうと思われることもあるのだけど、工業製品化された木材に押されてまわりの材木屋が次々と店を畳んでいくなかで、KITOKURASは、私たち山一木材の「最後の賭け」だ。もしこれで駄目だったら潔く、われわれのような材木屋が必要とさ

1. 材木屋になろうと心を決めたきっかけ、more treesの「木のブローチ」／2. 筆者／3. 山一木材の材木置き場

れる時代が終わったのだと店を畳もう。父のくにじ社長ともそう話す。材木屋さんが森の中でコーヒーを淹れはじめたのは、回り道だけど、木のことを知ってもらいたくて、材木屋さんに気軽に遊びに来てほしいと思うからで、日用品店を始めたのは、小さくても木のモノを暮らしのなかで味わってほしいと思うからで、マルシェをやって野菜を売るのは、キュウリだってカタチが少し悪くて虫がかじってたとしても、安心して食べれるものを選択したいと思うのと同じように木を選んでほしいと思うからで……。と、いろいろチャレンジしてみているけど、どれも皆が気持ちいいこと、楽しいことが絶対条件。それはお客様だけでも、感覚だけでもない。提供する側も、お金の面でも同じこと。赤字が続くと楽しくないし、続けられないから。だから、小さくてもいいから回ることを絶対条件にやっている。カフェも日用品店も趣味じゃ続けられない。KITOKURASの誕生から丸4年が経ち、ここをきっかけにした家づくりの仕事の数も少しずつではあるが着実に増えてきた。大きくならなくてもいいから、長く回り続ける輪をつくって行きたい。

■木と暮らす、未来

「今だけじゃない。未来にもいいものを」のとおり、木も人も深呼吸ができるような家づくり空間づくりができるよう、「木と暮らす」ことをずっといろんなカタチで伝え続けていたい。そのためには、発信し続けること、大工さんや工務店さんをはじめとする真の仲間を少しずつ増やすことが当たり前だけど大切だと思っている。そして、「サッカー選手になりたい」「ケーキ屋さんになりたい」だけでなく、「材木屋さんになりたい」「大工さんになりたい」という子どもが1人でも増えたらというのも、私の夢のひとつだ。

森を挽く人

田口房国

（たぐち　ふさくに）㈱山共代表取締役。１９７７年岐阜県生まれ。１９９９年学習院大学理学部物理学科卒業後、山共製材㈲（現㈱山共）入社。２００７年代表取締役就任。従来からのブランド材である東濃材を製材する傍ら、「山と共に、あしたをつくる」を合言葉に木製玩具や家具の制作プロジェクトや山林ツアーなどで木材の新たな需要拡大に取り組み、その活動が評価され２０１３年度の「木づかい運動顕彰　国産材利用推進部門」にて表彰される。

製材所の工場に並ぶ木材。木は１本１本大きさも品質も違うため、製材は職人の腕の見せどころだ青々とした山並みを縫うように清流白川が流れ、その脇に申し訳程度に家が立ち並ぶ岐阜県東白川村。秋の夜、祭りが近づいてくると、越原地区の集会場から祭囃子が響くようになる。獅子舞の練習をしているのだ。メンバーは私を含め20代から60代までの男たち10人。東白川村は明治初期の廃仏毀釈によって日本で唯一お寺のない自治体となった。だから私も大学生になって東京に行くまでは除夜の鐘など聞いたことがなかったし、最近になってやっと数珠を買ったものの、いまだにお経はわからない。

私たちのお祭りは決して派手ではなく、越原神社の大杉の枝々が風で互いにこすれ合う音と共に神官さまの祝詞を聞き、玉串を供え終わると、「それじゃあ、やるか」といった調子で紋付を着こんだ男たちが横に並び、獅子舞を奉納する。最近気づいたのだが、獅子舞メンバー10人のうち、7人が林業木材関係の仕事をしている。自ずと練習の合間は山の話題になることが多い。

山と人をつなぐ、製材屋の役割

私はこの東白川村で林業と製材業を営む会社の長男として生まれ、大学を卒業後、家業を継いでずっとここではたらいている。丸太を加工して四角い加工品にすることを「丸太を切る」とは言わず、「丸太を挽く」と言い、これが製材という仕事だ。私の仕事は丸太を製材品にして建築屋さんや木工屋さんに売ることであり、日頃は工場内で社員と共にオガコにまみれながら木材を加工していることが多い。自然物である丸太を挽いて人工物に変化させる、この製材という工程によって山と人とがつながる。つまり広い意味で製材屋は山と人との仲介人であるべきだ。そう思いはじめてから私の行動範囲は少しずつ広くなっていった。

木製玩具職人さんや学校の先生、おもちゃコンサルタントの人たちと岐阜木育推進協議会という集まりをつくって地元の木を使ったおもちゃを開発したり、デザイナーさんや木工屋さん、家具販売店さんと一緒に家具の開発も始めた。同業種のみならず異業種との関わりも増え、東京ビッグサイトでの展示会にも出展するなど、都会にもよく出掛ける。また逆に、一般の人を村に呼んで森林浴や田舎の文化に触れていただくようなことも企画したりすると、参加された方には一様に喜んでいただけているようで、その笑顔を見られることが私のモチベーションにつながっている。そのような対外的な活動が発端となり、最近では首都圏の公共施設などに販路が拡大しはじめている。山奥の人間がつくった木材が煌びやかな都会の建物に素敵なアクセントを加えている。想像しただけでも痛快ではないか。

近年では私たちの業界も、一般の方々と関わりをもつ機会が増えた。いくつかのプロジェクトには学生も参加しているし、林業女子会という若い女性たちのグループができて、私たち山男には思いもつかないような視点で積極的に山や木材に関する新たな取り組みをしてくれている。わが社にも岐阜の女子会のメンバー2人が在籍しているが、そういった人たちからの期待を裏切らないように、私のような既存の業界人も新しい木材の使い方、新しい木材人のスタイル、新しいネットワークをつくっていきたい。「きつい、汚い、危険」のいわゆる3Kの職場から脱却し、安全で活気があってカッコいい、誰もがはたらきたくなるような職場を目指している。そんな思いに呼応して、ここ数年わが社にも若い社員がどんどん増えてきた。それがなによりの喜びだ。この若者たちの多くは私と同じ小学校、中学校に通った、根っからの村人たちだ。

■製材人としての英才教育

私が小さい頃は近所に製材屋や木工屋も多く、子どもたちにとって丸太や製材品が積んである土場《どば》は、探険者にとってのダンジョンのようであった。学校帰りに通学路を逸れて遊びながら、自宅の手前にあるうちの製材工場に寄っては製品を机代わりにしてうるさい工場の中で宿題をしたり、仕事の手伝いをした。今から考えるとかなり邪魔だったと思うが、15人ほどの従業員のおじさん、おばさんたちは皆やさしく勉強を教えてくれたし、私にもできそうな梱包や掃除の仕事を与えてくれた。学習塾などなかったが、製材工場がもうひとつの学校だった。その後、下宿して高校に通い、大学進学のため一旦は東京に出たものの、卒業と同時に帰郷し、製材屋としてはたらきだした。

私はいわゆる跡取り息子であったが、会社に入ればもちろん一番下っ端である。初めての仕事は野地板という屋根に張る板を10枚ずつ積んでヒモで縛る仕事。できるだけ早く切り上げて「なにか手伝えることはないですか？」と社員さんに声を掛けながら工場中を回った。なんでも知りたかったし、早く仕事を覚えたくて仕方なかった。一番おもしろかったのはやはり製材機の仕事だ。この仕事は台車に丸太を乗せて、大きなノコギリが回る機械に通して角材や板材をつくっていく、いわば製材屋の一番大事な仕事である。木は1本1本大きさも品質も違うため、それをどのように伐り分けていくかが台車マンといわれるこの持ち場を担当する人間の腕の見せどころだ。節のない製品、曲りのない製品などをつくるにも、一番はじめにどういう角度で丸太にノコギリを入れるかで製品の良し悪しがおおよそ決まってくる。これればかりは何度も失敗しながら経験を積むしかない。

今では全ての機械を操作できるし、経験も積めた。だからもし仮に社員が1人もいなくなったとしても、丸太から製材品をつくって出荷するまで、やろうと思えば私1人でもできるだろうし、その自信は今日の私の根っこの部分を支えていると思う。

■祖父の背中から学んだこと

わが社の創業は1955年。戦後、シベリア抑留から帰ってきた祖父が兄弟3人で山仕事を始め、製材工場をつくった。親父の代を経て2007年に私が3代目の社長になったとき、祖父も親父もまだまだ元気であった。「こうやって3代一緒に仕事ができるのはきっと幸せなことなんだろうな」と思った。80歳をとっくに過ぎていた祖父は健康そのもので目も耳も良く、骨密度は60代、現役で毎日山仕事に出かける地元でも有名な、いわゆる超人であった。欲しい丸太があるときなど祖父に頼めば次の日には「山で伐っといたぞ」と言ってくれる、本当に頼もしい存在であった。2012年のゴールデンウィーク、たまには一緒に山に行くか、と祖父の方から誘ってきた。そういえば最近は一緒に山に行ってないな、と思い、連休に遊びに行きたい気持ちを抑えて2人で村内にある自社林に向かった。私は物心がつく前から祖父や親父に連れられて山を歩いた。しかし、わが社の自社林の総面積は東京ドーム100個分くらいあるものの、村内各所に点在しているため、私自身全ての山に行ったわけではない。この日に向かった山も初めて行く場所であった。

「この山に来るのはこれが最後かもしれんな」林道に止めた車から降りたとき、ふいに祖父が口にした。普段から弱気なことを決して言わない祖父であったから一瞬変な気がしたが、さすがにこのとき88歳である。祖父がこの山に来たのが10年ぶりということだったのでたしかにそう思うのも無理はないかな、と思った。弱気な言葉と裏腹に、この日も四つん這いにならなければ登れないような斜面でも祖父は坦々と進んでいった。山を歩くとき、私たちには会話はほとんどない。私は祖父の後方5mくらいのところを同じペースでついてゆく。祖父の歩き方は木の枝を杖代わりにして、1、2、3、1、2、3と進んでいくのだが、これが疲れない歩き方のコツのようだ。祖父の歩き方を真似しながら「こりゃ100歳まで生きるなぁ」と祖父の後ろ姿に感心させられた。一緒に数々の山を歩いてきた。山道を間違えて隣村に降りてしまったこともあった。沢に落ちたときに、掴まれ！と手を差し伸べられたこともあった。もし山で祖父になにかあったときのためにと、子どものときに車の運転も教えてもらった。もちろん数えきれないくらい怒られてきた。そんな私が大人になり社長になっても、やはり祖父の背中を見ながら山を歩いているのが少し嬉しく、その後ろ姿を何枚もカメラに収めた。

登りはじめて2時間、隣町との境である尾根に到達したところで腰を下ろした。尾根とはいえ見晴らしは良くない。藪の中に身を寄せ合うように大人2人が座り、時折ふもとの方から吹いてくる風に笹がサラサラと鳴るのを聞きながら、家から持ってきたおにぎりを食べた。「一番好きな山はどこ？」と私が訊くと、「自分で育ててきた山はどこも愛着があるが、この山が一番好きかもしれんな。お前を

1. 東白川村。山並みを縫うように瓦屋根のまち並みが続く／2. 筆者／3. 角材を削りだす前の丸太と台車マン／4. 祖父と最後に登った山。地表面までたっぷり日が差し、手入れされたヒノキが真っ直ぐに伸びる

1

2

3

4

一度連れてきたかったんや」そう言って私に水筒のお茶を勧めてくれた祖父は、この2ヶ月後、体に宿った全てのエネルギーを使い果たしたかのように静かに息を引き取った。林業というのは自分のした仕事の成果を自分の生きているうちには手にすることができない。後に続く者たちを育て、そして信じなければできない仕事だ。昔気質の祖父は私に手とり足とり物事を教えてくれたわけではなかったが、祖父の背中から多くを学ばせてもらった。

「今やらなければいけないことをやれ」

山で生まれ、山で育ち、山で生活してきた私は環境論者のような視点で林業や製材業を見ているわけではない。この産業をビジネスとしてしっかり成立させることがこの地域に必要であり、これから起こりうる資源不足やエネルギー問題を含め、社会全体の発展に大きく寄与していくと信じている。そのためにやりたいこと、やらなくてはならないことは沢山ある。今までは製材の仕事ばかりしてきたが、これからは林業にも力を入れていきたい。ビジネスの幅も広げて日本を、いや世界中を飛び回れるような会社に成長させせたい。そのためにも人との出会いを大切にしたい。1人では決してこの思いを実現させていけないだろう。獅子舞に地歌舞伎と、地元の風土を担う一村人でありながら、時には三つ揃えのスーツに身を包み、ビジネスバッグを片手に都会を闊歩する、そんなカントリージェントルマンでありたいと思っている。

私が入社した日、祖父から言われたのは、たった一言「男として、今やらなければいけないことを、やれ」であった。その言葉が今日もまた私を仕事に向かわせるのである。

森で染める人

鈴木菜々子

（すずき　ななこ）〈ソメヤスズキ〉代表、染織家。１９８４年東京都生まれ。２００７年武蔵野美術大学工芸工業デザイン学科テキスタイル専攻卒業。同年、デザインユニット〈nottuo〉設立。２０１１年８月、岡山県北の西粟倉村に移住。２０１３年　草木染めによる布製品の制作販売〈ソメヤスズキ〉を開始。同年３月、美作市古町の旧街道にある古民家をリノベーションした複合施設〈難波邸〉をオープン。難波邸内に染織工房を構える。

〈ソメヤスズキ〉の染色工房。山からおりてきた色を丁寧に重ねていく

山で採ってきた植物を水に入れて火にかけると、内にあった色素が解け出していく。山の中の蠢くような気配が鎮まって、水と同化して染液となり、それを濾して不要なものを取り除く。ざわざわとしていた頭の中が静かになっていく。布を浸すと、淡い色が浮かびあがって、ゆっくりと浸透する。

山からおりてきた色

東京から、山に囲まれた岡山県北に居を移し、その環境に導かれるように草木染めをする日々が始まった。樹皮や花びら、葉っぱや根っこなどの内側にある色素を取り出し、布に染める。染めた布で、暮らしにまつわるものをつくる草木染め工房「ソメヤスズキ」を立ち上げた。

山で暮らすようになって、「染める」という行為の意味が少しずつ変わってきている。家から一歩外に出ると、染料図鑑に載っている植物が、ざっと散策しただけでも数十種類ある。庭には花梨や柚、月桂樹、南天、金木犀。山へ行けば、栗、枇杷、ガマズミ、矢車附子《やしゃぶし》など数えればきりがない。畑では染料を栽培することもできる。試しにマリーゴールドを２００株植えてみた。次々に黄色い花を咲かせてくれたのに、収穫が追いつかずにほとんど枯らせてしまった。自然は人の都合とは無関係だと、改めて思い知らされる。

この辺りは植林された杉やヒノキが多く、その樹皮からは、鼠色やピンク〜赤茶系の色を染めることができる。どうしてこんな色に染まるのかと、染めるたびに不思議に思う。使い終わった染料を土に還せること、山水や井戸水を使えることも大きな変化だった。化学染料でも、袋詰めされた植物染料でもない、当たり前にただそこにある存在と、それを取り巻く環境全てが、色につながっていく実感がある。

手間と時間をかけて染め重ねた色は強くて美しい。そして、そこに立ち表れる色はいつも私をドキドキさせる。どこか手に負えない、私の意志とは関係ないところで、もうすでに決まっているかのような微妙な領域が存在する。

私ができるのは、山からおりてきた色をただ丁寧に重ねていくことだけだ。

小さな山村からの発信

こちらに来て出会った友人夫婦と共に始めた、古民家リノベーション複合施設「難波邸」。岡山県北の美作市古町、かつて参勤交代で栄えた因幡街道にひっそりと建つ古民家。自分たちの住む小さな山村に、カフェや食堂、セレクトショップ、イベントスペースなど、人の集まる場所をつくりたい。そんな思いで、地域の方たちに協力してもらいながら、空き家になっていた築100年の古民家を自分たちで改装した。立派な大黒柱や梁が強烈な存在感を放ち、建具や窓ガラスも多くが昔のままの姿で残っている。

中庭を挟んだ敷地の奥で廃屋同然となっていた離れを、染色のための工房にした。廃業された京都の染色工場の方から道具を譲ってもらったり、友人たちがボランティアで片付けや掃除を手伝ってくれたおかげで、夢の工房が完成した。趣のある空間に草木の色がしっくりと馴染み、染める時間はこの上なく贅沢なものになった。工房をつくったことで作品の幅も一気に広がり、手ぬぐいやコースターなどの小物だけでなく、暖簾や服を染めることができるようになった。難波邸に掛けた暖簾を見て、個人的にオーダーをくださった方もいる。

月に一度の草木染めのワークショップでは、地元で採集した季節の植物を使ってハンカチなどを染め、時には山や河原へ染料となる植物を探しに行く。普段見慣れた風景のなかに、気づかなかった小さな草木を見つけ、その名前を知り、色を染めること。時間をかけて深く関わることで、その季節や景色が特別なものになる。

岡山県内や近県からの参加者が多く、最近は地元の小学生や中学生、団体旅行の方たちからワークショップをお願いされることも増えてきた。今までのワークショップで使ったものは、ヨモギやアカソ、玉ねぎの皮、花梨、栗、ヒノキ、マリーゴールドなど。玉ねぎの皮はとても身近な染料なので、家で集めてもらったものを使って染めることもある。ヨモギは特に、時期によって染まる色が変わる植物で、春頃には透明感のある若草色が染められるけれど、季節が進むにつれて段々と茶系の色になってしまう。そんなことを話しながら、枝葉を刻んだり、鍋で染料を煮出したりして、ゆっくりとワークショップの時間は流れていく。

染料探し

染料となる植物を探すため、自宅近くの山を歩く。12月に入って、一面すっかり雪景色になっていた。翌年の染料になる矢車附子の木を探す。黒に近い色を出せる貴重な植物だ。矢車附子は通常、9月頃のまだ青い果皮を乾燥させて使う。ふと見上げると、無数の実をつけた矢車附子の木が私を見下ろしていた。水色の空を埋め尽くすように枝を広げている。とても手の届くような高さではない。道

1. 矢車附子の実。黒に近い色を出せる貴重な染料／2. 染料を探しに、山に入る筆者／3. 子どもが釣ってきた魚を食べる。色を染める行為も、こうした自然の循環や暮らしの一部だ／4. 玉ねぎの皮で黄色く染めた難波邸の暖簾

1

2

3

4

路には茶色くなった小さな実がたくさん落ちている。それを拾い集めて染めてもいいけれど、植物には色素を蓄えている時期というものがあるのだ。きっと淡い色にしか染まらないだろう。矢車附子に限らず、染まる色や鮮やかさは季節によって微妙に違ってくる。

帰り道、間伐によって倒された木は、苔で覆われて美しく朽ちていた。春に花を咲かせる三椏《みつまた》は、迫る寒さに耐えるように毛羽立った蕾をつけている。そんな風に自然を擬人化したり、名前をつけたり、美しいと思ったりするのは人間だけだという思いがよぎる。私の意思や思いとは無関係に、ただそこに在るもの。そういうものへの憧れのような感情が湧く。その一方で、名前を知っている花に目が留まったり、その景色を通して大切な記憶を辿ったりすることが、私たち人間の美しさだとも思う。漠然とした私のあらゆる妄想と言葉の羅列は、山に入ることでリアルさを纏って自分の中に着地する。

そんな充実感と、茶色くなってしまった矢車附子の実を持ち帰った。それは、染料店で矢車附子の実を買うこととは決定的に違う。単に自然の恵みを享受していることとも違う。種を蒔いて収穫することとも少し違う。私はただ、邂逅《かいこう》を求めて山に足繁く通うことしかできない。

目に見えるものを、手が届く範囲で

大学で染織を学んでいた頃、化学染料に違和感を覚えたことが、植物染料との出会いだった。少量・短時間で、鮮やかな色を出せる魔法の粉は、たしかに便利で合理的だと思う。けれど自分がつくる側に立ったとき、仕様通りの分量と手順で色見本と同じ答えのわかりきった色を染めることよりも、染め重ねて深みを増していく色と向き合うことに夢中になった。もちろん、環境問題や身体への影響なども含めての違和感だったけれど、植物から引き出せる色の奥行きや可能性は、私に大きな希望をくれた。それでも、都会の小さなキッチンで、袋詰めされた植物染料を使った草木染めは、次第に新たな違和感を運んでくる。これは一体どこからきて、どこへいくのか。同じような疑問は、食のこと、子育てのこと、はたらき方のこと、お金のことなど、暮らしのなかでいくつも浮かびあがり、都会での暮らしは、あらゆる言葉への違和感が増えていくばかりだった。

岡山で暮らしはじめるまで、草木染めを仕事にしようとは思っていなかった。夫はフリーランスのデザイナーで、私は彼のｗｅｂの仕事を手伝っていた。暮らしのこと、仕事のこと、子育てのこと。どれをとっても東京にいる意味を見いだせなかった私たちは、長男の小学校入学に合わせた２０１１年３月に、夫の故郷である仙台へ移住することを決めた。田圃の真ん中に建つ築２００年の大きな家。米や野菜をつくりながら、自分たちの生業としてデザインや染織の仕事をする。私たちはそんな夢を描いていた。そして２０１１年3月11日。東日本大震災によって、移住を予定していた実家は津波で全壊。様々な葛藤の末、西日本への移住を決断した。岡山県北の西粟倉村。２０１１年8月、なんの縁もない見知らぬ土地での暮らしが始まった。ほんのわずかな情報だけを頼りに、導かれるようにやってきた私たちは、山で暮らす準備などなにもできていなかった。当初予定していた仙台での田舎暮らしとは比べ物にならないほどの山間地。厳しく豊かな自然。淡々とこの土地に順応していくなかで私たちにできるのは、震災と原発事故を経て言葉で一杯になった頭を整理することだけだった。多くのものを削ぎ落とし、手放した先に残ったもの。それは、続いていく日々の暮らしだった。

この場所に暮らし、誘われるように色を染める日々のなかで、やっと辿り着いた答えがある。自然と関わり、自然に還っていくものづくりのなかで、どんなに手間や時間がかかっても、その土地の〝環境〟を持続できる〝技術〟を残していきたいということ。

私自身が色を染め、ものをつくる日々のなかで、自分の求める表現を可能にするための技術と、それを支える環境を受け継いでいくということだ。環境を変えてしまうほどの巨大な技術が、大切に受け継がれてきた無数の小さな技術を淘汰してしまう時代に、なにを手放し、なにを残していくのか。「染める」行為は私にとって、その先にある季節を感じることであり、背景である土や水との関わりであり、大きな循環の一部だ。それは染色のことだけでなく、日々の暮らしのあらゆる場面で実感している。野菜をつくること、山の木を伐って燃料にすること、子どもが川で釣ってきた魚を家族で食べること。自然と直にやり取りするなかで、ひとつの行為を自分の手の届く範囲で完結させ、循環させること。それを可能にする環境さえあれば、きっとそれは難しいことじゃない。どこからきて、どこへいくのかを可視化させることよりも、それを肌で感じられる環境こそが、私には必要だったんだと思う。

土に還るものづくり

草木の持つ色は美しい。私たちは今、草木染めの布を使って服をつくることに取り組んでいる。植物の色は化学染料と比べると不安定で、全体的に淡く落ち着いた色味になる。日光による退色や変色の具合も植物によって様々なので、商品にするには、どの植物でもよいという訳にはいかない。下地や定着を工夫したり、時間をかけて染め重ねていく。市販されている合成の助剤などを使えば、複雑な模様の表現や鮮やかな発色も可能だけれど、できるだけ自然のもの、中身がわかるものを使いたい、手仕事の跡を大切にしたいという思いがある。それは本当に手間と時間を必要とすることで、非合理的にも思えるけれど、ものが溢れかえるこの時代で、自分がものをつくることの意味を曖昧にしたくない。自然からも人からも搾取せず、持続していける選択をしたい。

少しでも気を抜くと、私たちは自然の循環する輪から放り出されてしまう。知らず知らずのうちに、その輪を断ち切っているかも知れない。全ては自分の選択に委ねられているのだとすれば、私が今日選んだ道はどこへつながっていくだろう。この美しい世界を次の世代へ手渡すために私ができるのは、彼らの少し前を歩くことだけだと思う。苔で覆われた倒木や、空に伸びる矢車附子の木は、ただ美しくそれを繰り返している。私はまた何度でも、そういうものとの邂逅を求めて山を歩くだろう。

森を鳴らす人

山崎正夫

（やまさき　まさお）〈SHARE WOODS〉、〈カホンプロジェクト〉代表。1970年和歌山県生まれ。1993年甲南大学卒業後、出版社㈱ぎょうせいを経て、ドイツ木材メーカーの代理店日本オスモ㈱に12年在籍。2009年間伐材を活用した打楽器づくりのワークショップ集団〈カホンプロジェクト〉を創設し、2013年に木材のプラットフォーム〈SHARE WOODS〉を立ち上げ、森とマチをつなげるために日々活動している。

間伐材からつくる手づくりカホン。使用する地域の樹種やつくる人によって音が変わる

森の間伐材を使ったカホンづくりがいよいよ終盤に差しかかり、少しずつ楽器としてのかたちが整いはじめた頃。僕らがなにかを指示するまでもなく、参加者の方たちが自分がつくったカホンの音をただ確かめるように「パン」「ドン」「シャン」などと叩きはじめる。黙々とネジをまわし、ヤスリで木を磨いていた人たちが少しずつ音を鳴らしはじめ、やがて賑やかな森の風景に変わってゆく。

森で思いっきりカホンを叩く！

カホンという打楽器は特別な技術がなくても大丈夫。初めて叩く人も、ただ思い思いに太鼓のようにリズムを刻むだけ。特別美しい音を出そうとなんて思わずに済むし、その場に居合わせた初めて出会う参加者同士が、隣の人のリズムに少し耳を傾けながら、歩調を合わし自分のリズムを感じるだけ。これで充分楽しく、一緒にセッションできる。それが自然の森の中で皆で合奏するとなると、余計に楽しく時間を忘れて叩き続けたくなる。家では思いっきり叩けないから、森の中で目一杯、皆で叩く。自然に笑いがこみあげる。森に限らず、野外での演奏は格別だ。

僕が２００９年に結成したカホンプロジェクトという団体は、地域の間伐材を使って地域の人たちとものづくりを楽しみ、そして皆でカホンを奏でるという団体だ。カホンとは、中南米のペルーから生まれたといわれる箱形の打楽器。イスみたいに腰掛けて、側面をポコポコ叩いて演奏するシンプルなハコ。打面の裏側に響き線といわれるワイヤーのようなものを仕込み、端を叩くと振動で「シャラン」とした音がなって、真ん中を「ドン」とたたくと低い太鼓のような音がなる。この二つの音を組合わせて演奏するだけの、子どもでも大人でも楽しめる楽器だ。手軽に持ち運べて電源も要らないため、最近ではストリートでドラム代わりに使う人も増えてきた。

僕たちは、全国の色々な地域の森や人との関わりがある。色々な地域の森を見ていると地域によって様々な森のかたちがあるんだなあ、と気づく。大阪府河内の森にはじまり、兵庫県丹波や岡山県西粟倉村、秋田や東京などの森とつながってきた。２０１３年、初めて本州を飛び越えて、北海道の黒松内という地域でカホンづくりのワークショップを開催することができた。初めて見た北海道の森は、なにからなにまで新鮮で、壮大なブナの原生林やトドマツや白樺、広葉樹の素晴らしさを体験することができた。

そんな森との関わりのなかでも付き合いが古い地域は丹波と西粟倉だ。西粟倉村は、今でこそその取り組みで林業界の注目を集めているが、まだ製材所もない時代からカホンプロジェクトを応援してくれている。丹波は僕の地元に近いこともあり、特別お世話になっている。丹波という地域は兵庫県の中腹部にあり、標高１００ｍ程度にしかならない緩やかな台地で集落と森が近く、日本昔ばなしにでてくるような、里山と言うにふさわしい地域だ。朝に霧が立ち込めることも多くて、早朝の丹波は幻想的な森になる。そんな森の中でカホンをつくったり、秋には山菜を採ったりするイベントを地域の人たちと一緒に行っている。中野集落という小さな村では、「ほの buono NAKANO（ほのぼ〜のなかの）」という手づくりの野外イベントで、お花畑のなかでのカホン演奏なんていうのもしたりする。

■カホンとの出会い

そんな僕もつい4年ほど前までは日本の森のことなんてなにも知らなかった。僕は元々ドイツの木材メーカーの輸入商社ではたらいていて、自社ブランドの木部用のオイルも扱っていたので、営業先で国内の森林組合や林業関係の人たちと出会う機会があり、特に大阪府河内長野市にあるウッドベース（大阪府森林組合）さんにはちょくちょく出入りしていた。

そんな僕に、日本の森について知り、関わるきっかけをつくってくれたのが、ウッドベースの廣口さんだ。スキンヘッドで一見怖そうな面持ちのお兄さんなのだが、非常にやわらかい口調で、いつも僕に木の魅力を話してくれた。「山崎さん、二日酔いのときはね、山に入って杉の木の根っこにもたれかかって昼寝するんですよ。30分も仮眠すれば杉が疲れを吹っ飛ばしてくれますわ（笑）」と言ったり、「僕ね、木の木目をじっと何時間でも見ていても飽きないんですわ」などと、彼の木の偏愛っぷりがとてもおもしろく、すぐに仲良くなった。彼の影響で、外材のことしか知らなかった僕も、日本の林業や森が直面している深刻な問題について、次第に関心を持つようになった。

当時、間伐材利用や木育という言葉をよく聞くようになり、地域材を扱う森林組合さんなどが、子ども向けの木工体験をあちこちでしはじめていた頃。もちろん子どもたちは楽しそうにものづくりをしているし、良い活動だなと眺めていたが、単発の木工体験で終わってしまうイベントに、どこかもったいなさを感じていた。こうやって共通の思いを持った同志や協力者が集まれる場所、なにかもっと楽しくて、森のことを身近に感じられる場があればいいのにと考えるようになった。

きっかけは本当にたわいもないことだった。当時から親しくしていた材木屋の友人・田中由虎くんの弟、良平くんが、自分の材木屋にある端材でカホンをつくって僕にプレゼントしてくれたのだ。

「へー！　これって自分でつくれるん？」と聞くと「結構時間かかりますけどつくれますよ」彼のバンドが友人の結婚式の余興で演奏するのに、ドラム代わりに簡単に持ち運びできる打楽器を探していたところ、カホンに出会ったという。ところが当時、カホンを楽器屋さんで購入すると4、5万円ととても高価な楽器で、仕方なく自分でつくることにしたというのだ。直感で、これだ！と思った。

身近な工具だけでつくれるようにプレカットして、中に仕込まれている響き線も代用になるものを開発すれば子どもでも女性でも工作レベルで簡単につくれる。僕自身も小さい頃から音楽が大好きで、学生時代は特に黒人音楽やアフリカンなどに入れ込んでいた。バックパッカーとしてセネガルを旅したとき、タムタムやジャンベなどのアフリカンドラムに特別な感動を覚えていたこともあり、それが自作できるという魅力に飛びついたのだ。こうして、カホンワークショップを企画するプロジェクトがはじまった。

初めてのワークショップ

まずは、子どもでも女性でも簡単に組み立てて手づくりできるカホンキットを開発して、どこかのイベントでやってみようと、手づくり市のようなイベントに出展することになった。ハコを単純につ

1. カホンのつくり方をレクチャーする筆者／2. カホンプロジェクトの仲間と／3. 東京の森で、子どもたちとのワークショップ／4. 初めて手づくりしたカホン／5. カホンがあれば、いつだって野外セッションができる

1

2

3

4

5

くるのは簡単だったが、カホンという楽器は、ハコの内側を叩いたときの振動で、響き線が「シャラン」となるのが特長で、これを簡単に仕込む方法を考えるのが大変だった。これは実際にカホンづくりワークショップに参加されて「あーなるほど！」と感じていただきたい。

僕たちは本当にラッキーだった。初めてその手づくり市のイベントに出展したときに、東急ハンズでワークショップの企画をしている企画会社さんに声を掛けてもらい、２００９年に、いきなり東急ハンズという大舞台でのワークショップが実現することになったのだ。

とはいえ僕自身、どの程度の反応があるか半信半疑だった。参加者も、せいぜい3人も来れば御の字だろうぐらいに思っていた。当時は僕と相棒の田中良平くんの2人で取り組んでいたのだが、僕がドイツに出張中だったため、初日だけは田中くんに場を託していた。当日の朝に帰国し、携帯電話を立ち上げたたすると、「田中、田中、田中……」と不在着信が10件以上入っている。焦って田中くんに電話すると「山崎さん！　助けて下さい、凄い人です！」結局、４日間とも、ハンズの開店と同時に整理券が配られ、行列ができ、即完売の大盛況のうちに終了した。

カホンがつなげてくれる人と人

この出来事をきっかけに、カホンプロジェクトをもっともっと魅力的のあるものにして、色々な地域の森とつながっていくことで、皆がハッピーになる仕組みをつくれるのではないかと思うようになった。

思えば叶うもので、こちらから声を掛けるまでもなく、あちらこちらの林業関係者や地域イベントに呼んでもらえるようになった。今では、東北や関東、九州でそれぞれのチームが立ち上がって魅力的な活動をしている。特に、東京で活動している八崎くんは僕の元同僚で、立ち上げ当初から僕の活動に賛同してくれて、今では「東京の森」をテーマに精力的に色々なプロジェクトを立ち上げている。なかでも彼のTOKYO WOOD PICKは、東京の杉の木を漆で仕上げたギターピックの開発が話題を呼び、メディアでも取りあげられた素晴らしいプロジェクトだ。

僕自身もカホンプロジェクトの活動がきっかけで、SHARE WOODSという木材のコミュニティを立ち上げた。地域の森から採れる木を通して生産者とデザイナーが新しい製品を生み出すプロジェクトを支援し、デザインの力で森を豊かにするという活動だ。

たとえば、山側の人たちが価値がないと思っているような「曲がりくねった木」や「節や穴だらけの木」は、デザイナーの手に掛かれば、素敵な空間を演出する「特別な木」に生まれ変わるといった具合だ。

カホンプロジェクトは、「森」や「木」というテーマのもとに楽しいことを考えるのが好きな木工家やデザイナー、そしてミュージシャンたちが、自然に集まるコミュニティのようだ。だから、「こんなことしたらおもしろいんじゃない?」「今度、こんな企画でなんかやろうよ」という人たちがどんどん集まり、僕が知らないところで新たなプロジェクトが次々と立ち上がってしまう、そんな変わったコミュニティだ。

〝楽しい〟をきっかけに

カホンの魅力を一言で言うなら、「シンプル」であることだろう。言ってみればただのハコだし、なんの装飾があるわけではない。

でもだからこそ、それを手づくりする参加者の人たちが、自分だけのオリジナルなカホンに仕上げることができる。色を塗ったり、絵を描いたりするのが好きな人。ひたすら紙ヤスリでやする人……。カホンのなにが楽しいかは本当に人それぞれ。性格もよく出る。几帳面な人、大雑把につくる人、それぞれの人の個性がカホンに現れてできあがっていく様子を見るのは本当におもしろい。

ヒノキと杉で音も変わるし、ちょっとした微妙なつくり方の違いで音が良くなったりならなかったり。家に持ち帰って時間が経つに連れ、木が締まっていい音が出はじめたりする。

それはただのハコで、叩くだけの本当に簡単な楽器だけど、とっても奥が深いのだ。

カホンプロジェクトの参加者は、そんなカホンを生活の一員として招きいれてくれ、大事にしてくれていることがとてもよくわかる。これまでカホンづくりワークショップの開催回数は100回以上、つくったカホンは1000個を超える。夢は、47都道府県の木材でカホンプロジェクトが生まれること。もちろんこれだけカホンをつくったところで、日本の森や林業の問題を解決することはできない。でも、活用されていない木々を楽器に変えて、子どもたちにものづくりの楽しさや素材の良さを伝えることが、少しでも多くの人たちに林業や森林の現状を知ってもらうきっかけとなれば嬉しいし、それが大きな力になると思っている。僕らのワークショップの参加者は皆、アットホームで温かい気持ちの人ばかりだから。

森で狩る人

永吉　剛

（ながよし　ごう）NPO法人メタセコイアの森の仲間たち勤務、任意団体里山保全組織〈猪鹿庁〉所属。1982年兵庫県生まれ。2005年神戸YMCA専門学校フィットネス&スポーツ学科卒業。2009年現職に就く。2010年〈猪鹿庁〉を立ち上げ、捜査一課に所属。子どもキャンプや自然体験のインタープリターを行う傍ら自ら狩猟をし、狩猟エコツアー、狩猟サミットの企画運営を行い、半猟半インタープリターとして活躍中。〈猪鹿庁〉では2011年から地域住民と獣害対策に取り組み、2014年には「鳥獣被害対策優良活動表彰　生産局長賞」にて表彰される。

初めて猟銃で獲った鹿

初めての猟期。地元のベテラン猟師の水谷さんに、けもの道の見つけ方や歩き方、くくり罠の設置方法を一から丁寧に教えてもらい、15ヶ所ほど罠を設置した。毎朝見回りを行い、猪や鹿がかかってないかをチェックする。昼間や夕方に見回りに行くと、長い時間暴れ回って弱ってしまったり、罠にかかった足が充血してしまったりして肉に臭みがつく。ある日、仕掛けたくくり罠に鹿がかかっていた。肉が臭くならないように、すぐに血抜きをし、内臓を抜く。柔らかく美味しい肉にするため、必ず何日か熟成してから解体。背ロースをローストにして食べた。この調理方法が一番美味しい。食べながら、こんなに森に近い生活をしているのかと自然への感謝の気持ちを存分に感じる。

里山保全組織「猪鹿庁」

２０１０年、友人の興膳健太らと共に、里山保全組織「猪鹿庁」という任意団体を立ち上げた。簡単にいうと「自分たちが里山と生きる」ために里山を保全していく団体だ。地域住民が大切に育てた農作物が被害を受けたり、放置された山の木々が鹿に食べられ森林が崩壊したり、いつも山を歩き、野生動物との境界線をつくっていた猟師が高齢化したりと、里山では日々重大な事件（問題）が起きていて、それを解決する団体を警視庁に見立て「猪鹿庁」と名づけた。

庁内は6課を設置。まずは、狩猟関連業務を執り行う三つの課だ。狩猟を行う「捜査一課」、猟で獲れた猪や鹿を解体し、安全安心に届ける「衛生管理課」、猪や鹿の肉を加工や調理法・食べ方を提案する「ジビエ課」である。そして、里の課題解決や情報発信を専門に取り組む課が三つ。獣害を軽減するための調査、解決策などを検証する「研究課」、里山保全のための山の手入れなどを林業者と連携し取り組む「山育課」、広報ツールの作成や各課のエコツアーなどの企画を行う「広報課」だ。

猪鹿庁は、広報に一番力を入れている。地元で活躍している若いデザイナーの力を借りて、イケてないメンズ猟師の略「イケメン猟師奮闘記」をweb上で発信。その後、ホームページもオープンさせた。今も「わかりやすく、おもしろく、かっこよく」を心がけてHPや商品のパッケージをデザインしては、Facebook や Twitter、Ustream など利用し、世界に向けて発信している。

"持続可能な暮らし"がしたい！

神戸から移住して、早6、7年が経った。去年の春頃には郡上市内で二度目の引越しをした。2階建ての古民家を、3反の田んぼ、1畝の畑、裏山付きで借りて住んでいる。破格の家賃で、なおかつ好きにリフォームをしていいとのことだった。建具は歪み、床は腐り、屋根のトタンが剥がれ落ちていたため、友人や近所の方から道具を借り、板をもらって、なるべく自分で修理をした。また、以前から憧れていた薪ストーブも購入。間伐された杉やヒノキを拾い集め、使い慣れないチェーンソーを使って恐る恐る木を切り、これまた慣れない斧を使って細かく割り、薪も自前で調達した。初めて薪ストーブに点火したときの温かさは感動ものだった。少しでも石油に頼らない暮らしをしていることを実感した。

生まれて間もない頃から、アトピー性皮膚炎（以下、アトピー）に悩まされていた。その頃はまだ医者もアトピーの原因がわからず、とりあえずステロイド系の塗り薬を塗りまくる毎日だった。毎晩眠れないほどのかゆみにとうとう薬も効かなくなり、小学生2年生の夏休みに入院をした。薬をやめ、食事も白米やたまご、牛・豚肉などから、アワやヒエなどの古代米、クジラやカンガルーなどの肉、無農薬野菜などに変えた。数週間して改善の兆しがみえ、夏休みが終わる頃には退院したのだが、その後もちょっとしたことで悪化する症状に耐える日々が続いた。

そんななか、小学6年生のときに阪神・淡路大震災にあった。地震直前。外が「ゴォォォォォォー」というものすごい音をたてた。揺れを感じた瞬間、家の中の家財道具が次々に倒れた。揺れが収まって部屋を見わたすと、グジャグジャで足の踏み場もない。電気がつかない。あわてて外に出て、車の中で暖をとる。ようやく朝日が差しはじめ、神戸の町中を見わたすと、辺り一面火の気があがり、テレビで見る戦争シーンの焼け野原の光景だった。ライフラインが止まり、その後1週間は食べ物も冷蔵庫にある限りの生活だった。小さいながらも、生きることについて考えていた。

アトピーは大きくなるにつれて少しずつ改善はされてきたが、社会人になってもやはり体調によっては悪化する状態が続いた。この経験から、頭のどこかで安心安全なものを口にすることや自給できる暮らしを求めてる自分がいることに気づく。持続可能な暮らしをしていきたい、そう思うようになった。

社会人になり、神戸で自分の生き方が定まらず模索していた2004年、知人から岐阜県郡上市の自然体験団体「郡上八幡・山と川の学校」で夏休みだけのアルバイトがあると誘われ、初めて郡上を訪れた。神戸とは違い、空気のおいしさや水のきれいさ、畑で採れる安心安全な農作物など、豊かな自然があっ

春の田んぼイベントで、どろんこ体験をする子どもたちと

た。ここなら自分の思い描く持続可能な暮らしができると感じた。１年目、夏休みだけのアルバイトも終わった頃、どうにか郡上に移住し持続可能な暮らしができないかと模索していた。すると、どうやら同年代のバイト仲間たちも同じことを考えていたらしく、４人で同じ時期に移住を決意した。

「持続可能な暮らしにあう仕事をつくっていくから、一緒に仕事せん？」

ある日、移住仲間のひとりで親しくしていた興膳から相談を受けた。興膳は、猪鹿庁の母体でもある「ＮＰＯ法人メタセコイアの森の仲間たち（以下、メタ森）」に所属し、夏は林間学校の受け入れを中心に毎年約２万人の子どもたちと、郡上に流れる清流・長良川でのカヌーや魚とりの川遊び体験、洞窟を探険するケービング体験や農業体験などの自然体験活動と、地域の課題を解決する地域づくりの団体の代表になっていた。

おもしろそうだとすぐさまメタ森に入社を決めた。

喰い尽されたトウモロコシに一念発起！

その事件が起きたのは、農業体験イベント前日のこと。

５ａ（１５０坪）ほどの畑のトウモロコシが全滅。唖然とした。そのとき初めて野生動物の被害を体験した。地域の方にも聞くと、「皆何度もや

1

2

3

4

られとる！　昔はそんなことなかったやけどね……」ともらす。丹精込めてつくった農作物をいとも簡単に食べられてしまった悔しさ。聞くと昔は、春の山菜採りや秋のキノコ狩り、冬の薪集めなど頻繁に里山に出入りすることで、人間の気配を感じさせ、人間と野生動物の棲み分けができていたのだそうだ。また、郡上の狩猟者数が最盛期から6分の1まで減少してしまったのも、要因のひとつだった。自己消費はもちろん、毛皮や肉を販売し収入源としていた猟師たちの存在も、野生動物と一線を画すための欠かせない存在だったのだ。この出来事をきっかけに、僕らは「猪鹿庁」を立ち上げることに決めた。

「猟師になっても肉は売れないし、食ってはいけないぞ！」と地元の方々からそう言われたが、僕らの狙いはスキー場で名物となるような一品をつくることだった。狩猟をなんとかビジネスにしたい。そうして、猪の骨からとったスープを使った「猪骨《ちょこつ》ラーメン」は開発された。

猪の骨をもらっていた地元のベテラン猟師や行政の人などを招いては試食会を繰り返し、ものすごく濃厚な美味しいラーメンが仕上がった。

がしかし。猪骨1頭分でラーメンスープが10杯ほどしかつくれない……。3ヶ月かけて開発したものの採算が合わず断念することに。しかし失意だけでなく得たものもあった。この試食会で出会ったのが、ベテラン猟師水谷正明さん（猟師歴40年以上。夏は長良川で鮎釣りの漁師、冬は猟師と二つの顔をもつ）と、坪井富男さん（猟師歴35年以上。高速道路の料金所で働き、夜勤明けでも山に入る猟師）だ。

1. 獲物を見つけるため、動物の足跡を探す（©関 暁）／ 2. けものみちをひたすら歩く（©関 暁）／ 3. 猪鹿庁のエコツアー。かんじきを履いて野生動物の足跡探し＆猪鹿BBQ ／ 4. 永吉家の薪割り。3歳の娘と（©高木）

彼らに同行した初めての猟。まずは集まったベテラン猟師たちと林道を車で走りながら、新しい足跡を見つけ、どの山に獲物がいるのかを把握する。するとその山を一番よく知る猟師が、どのように山を囲うかを決める。声をだしながら猟犬を連れて歩く「勢子《せこ》」と、勢子が追い出してきた獲物を猟銃で狙い撃つ「立つ間《たつま》」に分かれて、無線で連絡を取り合いながら獲物を追い詰める。

ベテランの猟師と山に入る。「この先大きなオスの猪がいるぞ」「えっ、なんで性別までわかるんですか？」「足跡を見たらわかる！」など、初めは驚かされることばかり。そのとき「パーンパーン！」と遠くで銃声がした。急いで山をおりると、60kgぐらいの大きな猪が横たわっていた。心臓にナイフを刺して血抜きをし、すぐに内臓を抜くその手早さは手慣れたもの。ベテラン猟師のかっこよさをまざまざと見せつけられたのだった。

狩猟の6次産業化を目指して

猪鹿庁は、「狩猟～加工～エコツアー～販売」という狩猟の6次産業化を目標としている。

商品化は断念したが「猪骨ラーメン」をどうにか活かしたいと考え生まれたのが「猪鹿庁発！山を知り、郡上猪を骨の髄まで喰らうエコツアー！」。大変さと楽しさを知った狩猟の経験と里山の現状を伝え、最後に濃厚で温かい美味しい猪骨ラーメンが食べられるツアーだ。日本でまだ誰も始めていないし、ツアーだけしか食べられない幻のラーメンになり、メディアも食いつくだろうと仕掛けたところ、約40名が参加した。その他にも、ベテラン猟師と若い猟師、猪と鹿肉を売りにした「若手猟師と雪山歩きと猪鹿ＢＢ

Q」、鹿肉をメインに料理をする「鹿肉リエット料理教室」を開いたり、いつも捨てられてしまう鹿肉のスジを加工した「猪鹿ジャーキー」「猪鹿フランク」、鹿の解体を体験したい人のための「鹿の解体教室」など……、「誰もやっていない・おもしろい・若い・遊び心」をベースに企画した。メディアにプレスリリースしては、必ず取材を受け入れ情報発信をし続けることで、いつも参加者は絶えない。だがなにより「自分たちが楽しむ」のが、企画成功の秘訣かもしれない（笑）。

狩猟は、命を絶つ行為がある以上、誰でもできるわけではない。そしてそれは個人にとどまらない、地域の問題なのである。獣害が増加するなか、猪鹿庁が2011年から力を入れているのが、集落単位の地元住民が猪や鹿を捕獲するお手伝いである「守り捕獲できる集落づくり」。猪鹿庁オリジナル捕獲檻「肉の畑」やくくり罠を無償（1年間）で貸し出し、地元の方に捕獲補助員としてエサやりや見回りをしてもらう。僕らも定期的にアドバイスや見回りを行う。住民が狩猟免許を持っていない集落では、猪鹿庁のメンバーが捕獲や止めさし（命を絶つ行為）、解体の処理を行う。ゆくゆくは地域の方々が主体になって獣害対策に取り組み、農作物被害を軽減し、猪や鹿といった山肉が資源になることも目標としている。

地域に暮らしている以上、狩猟の技術も磨き、少しでも農作物被害が軽減され、地域の役に立つ人間になりたい。そして自分自身も、なにが起きても対応できる「持続可能な暮らし」をつくる。移住を考えている人や都市部の人に、田舎ではそんな暮らし方もあるのかと「おもしろく・おかしく・楽しく」、情報を常に発信し、僕の思う本当の豊かさを知ってもらえたらと思う。

森を伐る人

久米　歩

（くめ　あゆむ）㈱ソマウッド代表取締役。１９７７年石川県生まれ、富山県育ち。２００２年静岡県立大学国際関係学部国際言語文化学科卒業。２００９年㈱ソマウッド設立。大学卒業と同時に静岡市内の中山間地域に住みはじめる。地元農林業に従事する傍ら、学習塾「独歩塾」を主宰。静岡市から富士山麓までの森林で素材生産を行う。会社のモットーは、「山林を、より美しく、より価値あるものへ」。社員は全て地域内に在住の20〜30代Ｕ・Ｉターン者。家族は、妻と３人の娘。

お施主さん、製材会社との、大黒柱伐採ツアー。森にお施主さんを招待して伐採を体験してもらう

僕は「キコリ」だ。木を伐るのが仕事だ。でも、娘たちはキコリがなんなのか知らない。ただ、「おやま」に行くのが父の仕事だということだけは知っている。

玄関のドアを開けると外は真っ白な霧に包まれている。この辺りではよくあることだ。軽トラックに乗って富士山が良く見える山へ向かう。モヤモヤと白濁した空気のなかを軽快に上っていくと突然、視界が開ける。そこは雲の上だ。下界では霧だと思っていたのに、あれは雲だったのか。途中、車を止めて上ってきた道を見下ろすと急斜面に広がる静岡のお茶畑を埋め尽くすように雲海が広がっていた。今日はツイてる……。

今日の現場は一番のお気に入りだ。いつもはわが家の裏山と呼んでいる。といっても車で20分ひたすら農道を上り標高600m地点ではあるけれど。車を停め、いつもの風景をいつものように見廻す。足元はクラクラするほどの急斜面、そこを埋め尽くすお茶畑、けだし緑の絨毯。

やっぱり今日はツイてる。雪化粧をした富士山がくっきりと山際に浮かんでいる。静岡の人は当たり前すぎてなんとも思わないってことがあるらしいけど、なんといっても日本一の山だ。こんな日は、蒼く光る駿河湾を伊豆半島と三保半島が抱き込んでいるように横たわっているのも、はっきりと目に映る。現場を背にして、180度のパノラマのなかに、世界遺産をがっちり抱えているんだ。

■ソマウッド

2009年8月、ソマウッドという林業会社を立ち上げた。社名は「杣人」という単語から発想したものだ。もともと「杣《そま》」という木ヘンに山、というシンプルな成り立ちの漢字が好きで、どうにか社名に使いたいなと漠然と考えていた。杣とは、木を伐り出す山、または伐り出す人々、と辞書にある。そして、「杣山」「杣木」「杣人」という単語が続く。なかでも、「杣人」という響きが好きだ。「そまびと」「そまうど」と読む。「～うど」というのは、○○する人という使い方で「狩人」と同様だ。「そま・うど」と分解し更に変形させて「そま・うっど」、アルファベットで綴り「SOMA WOOD」とした。

会社の業務は、杉やヒノキの人工林の管理だ。外材の台頭などもあり、需要が少なくなった木々は、手入れされず放置されている場合がほとんど。放置された人工林は真っ暗。植生が乏しく、雨が降るたびに土砂が流出しやすい。そしてヒョロヒョロのか弱い木々。そんな痛々しい森林を救うのがわれわれのお仕事、間伐だ。「木を間引いて健康な山をつくります。作業賃は補助金で文字通り補えるので安く済みます。面倒な書類事務も代行しましょう。山の境界が不明なら一緒に歩いて探します。場合によっては杭もサービスしちゃおうか……」という具合だ。

■「地に足つける」暮らし

僕はいわゆるIターンだ。ふるさとは富山県。サラリーマンの父親と自宅で英語教育に取り組んでいた母親、二つ上の兄と育った。静岡県立大学での学生時代はバイトと麻雀に明け暮れ、午前中に大学に行くことはまずなかった。当時まさに流行っていたのが「バックパッカー」。如何にチープでスリリングな海外の旅をしてこれるかという、もはや一種のゲームで、僕も帰国するたび友人たちに、こんな危ない目にあったと自慢しては満足していた。

そんな僕の人生を変えたのが、人生の師と仰ぐ立田洋司先生。トルコのカッパドキア研究の第一人者で文化・芸術関連の造詣が深い先生のもとで、われわれゼミ生は比較文化研究というものに取り組んでいた。比較するにはまず自国を知ることだと先生から教わった僕は、海外に徐々に興味を失い、「地に足つける」ことの意味を考えるうちに大学4年になる。ろくに就活もせず迷える子羊状態だった僕は、誘われるままに先生が所有する山荘へと転がり込み、書生的(?)な居候生活を始めることになる。ギリシャ神話に出てくる伝説の工人の名を冠した「ダイダロス研究所」で、その名にちなみモノづくりを志した。大工仕事(新山荘の増改築)を中心に、料理や陶芸・お茶の作法・骨董の知識など幅広い薫陶を先生から受けた。

山荘にはルールがあった。山から引いた水を利用し、薪で飯と風呂を炊き、調理はなるべく木炭で、なるべく地元の魚や野菜を食い、不味い酒は飲まない、などである。もちろん電気もLPガスもあるし、自給自足などと軽々しくのたまうこともなく、いろんなことに「なるべく」という言葉を載せて……。それでも、生まれたときから便利なモノに囲まれて育った世代としては新鮮な暮らしだった。

書生的・仙人的な生活を始めて6年位経った頃、結婚した。同時に、久々に里に降りた。地域の家庭教師業が3軒以上になりそうだったのを機に空き家を借りて学習塾を開業したのだ。春から秋は製茶工場でのアルバイト、冬場はキコリの手伝いと、二足三足の草鞋を履き履きなんとか暮らし、子宝（娘3人）にも恵まれ、経済的には決して楽ではなかったはずだが、不思議と不安はなかった。

その間、林業技術に関しては、『伐木・造材のチェーンソーワーク』(全国林業改良普及協会)の著者であり、みどり情報局静岡(通称:エスジット)創設者の1人、石垣正喜氏に師事し、自身が木を伐るだけでなく伐木技術を人に伝えるための研鑽を積んだ。

■「林業サービス会社」を立ち上げる

農閑期には借家を着々とDIYリフォームし、最終的には薪ストーブまで設置してしまった。畑を借りて百姓の真似事に勤しんだり、地元の小学生に習ってアユやイワナを捕ったりと……。そんな呑気な生活も束の間、学習塾には地元中学校の生徒約1割を確保していたが、少子化で全校生徒数が100人を割ってきた。地域の主産業である茶業も高齢化に伴い製茶工場の稼働日数が激減。あっという間に収入が目減りしてしまったのだ。なかなかにツライ……。

そこで、それまで蓄積した人脈と技能をもとに、林業で起業する運びとなった。実際には事業計画もロクに練らない見切り発車ではあったが。ただ、地域の林業は廃れ、競合他社が存在しないこと、どうせやるなら人がやらないことの方がおもしろそうだ、ということが行動の源泉だったように思う。

ところで、いわゆる「林業」とは、自分で山林を所有して育林 ↓ 収獲のサイクルを回していく生業のことで、山林を所有しない者が「山仕事」で生計を立てる場合は「林業サービス業」などと呼ぶ。僕らにとっての「顧客」は直接的には山林所有者。山林を所有しているが自分で管理しない/できない方々。そのような「お客様」に間伐などのサービスを提供する。ただ、この業界の変わっているところ

1. チェンソーで木を伐るソマウッドの社員/ 2. 新たに取り組みはじめた「薪」の在庫/ 3. 筆者/ 4. 大黒柱伐採ツアーのお施主さん一家/ 5. 伐り出した丸太を集材中

1

2

3

4

5

は、サービスの対価を「補助金」で受け取ることが多いってことだ。つまり、国や県・市町村の血税が僕らの売上の多くを占めている。

かつて木を伐れば、極論木であれさえすれば高値で取引された時代があった。どこの誰べエが買おうが構わない、高く売れさえすればよいのだから……。この手の昔話を、遠くを見つめる眼差しで熱く語ってくださる先輩方はまだ多い。しかし時は流れてグローバル時代全盛期。「国産材を使おう！」と耳にすると き、3割に満たない木材自給率が頭をよぎる。食料自給率よりも低いじゃないか！　と。

誰がこの木を買うのかを考える現代のキコリに

ともすれば1日中人と会話する機会に恵まれない職業、それがキコリだ。ヒトよりもシカやイノシシと出会うことの多い職業、それもキコリだ。いつか言葉を忘れてしまいそうである。

それでも自分がこの仕事が続けていられる理由は、やはり「地に足がついた」職種だからだと思う。日本は国土の7割近くの面積が森林で、その内4割程度、1000万haが杉・ヒノキ等の人工林だ。国土、というと大げさかもしれないが、日本人として自国に直接的に貢献できるのがなによりの魅力だろう。「1000万ha分の1」という単位で自国の森林を確実に日々整備し、ざっくりだがキコリの「5万分の1人」が紛れもない自分なのだ。

ところで巷には「原木市場」というものがある。ゲンボクイチバと読む。想像してほしい、築地の魚市場を。膨大な魚介類がすし詰め状態に並ぶあの巨大な日本人の台所。あのさかなクンたちを全て丸太に置き換えたようなもの、それが「原木市場」なのだ。このたとえのポイントは、魚も丸太も新鮮（生）です、というオチである。それはともかく、多くのキコリたちは木を伐り原木市場に出荷する。ただし通常、キコリたちは出荷したその丸太を誰が競り落としたか知らない。というか知ろうとしない。気になるのは、落札価格だけ、である。このやり方を続けていると、僕らの売り先はいつまでも商売敵でしかない。

だが僕らは現代のキコリだ。木を求める人がいるならば、自分から探しに行こう。

たとえば、製材会社が工務店（顧客）を支援するという戦略のなかで、僕らは製材会社を支援する黒子に徹し、工務店の顧客であるお施主さまを森林に招待して伐採を体験してもらう。その際、伐採の指導や人工林の仕組みや成り立ちなどをキコリの立場から説明する。お施主さまは非日常の場で、自身の住まいの一部となる立木を伐り出す作業に携わり、キコリ・製材・工務店という三者協働の木材流通をリアルに感じることとなる。キコリの「お客様」は山林所有者だけでなく、木を買ってくれる人全てだ。

■林業ベンチャー

わが社のような小規模キコリ会社の場合、薄利多売の拡大路線は進みづらい。最新の設備に投資したり、雇用を極端に増やしたりして生産量・事業量を増やしていくスタイルはとらない。若い力とアイデアや行動力によって新しい商流やビジネスモデルを創造する「林業ベンチャー」なんだ。

わが社では木を伐る事業以外に、山林相続のお手伝いをしたり、企業が所有する山林を整備して福利厚生の場として、また顧客サービスの場として活用方法を提案するなどのコンサルティング事業にも取り組んでおり、概ね好評である。

10年後の生き残りを賭けて

目指すは日本一の「林業サービス会社」だ。われわれのお客様にベストのサービスを提供すること、それが僕らキコリの新しいビジネスモデルになるだろう。

たとえば、エネルギーの問題がやはり熱い。3・11以来、熱源として薪や木質ペレットなどにエネルギーをシフトする動きがより活発になった。自分自身が十年来の薪ストーブユーザーであることもあって、薪を媒体にして森林と消費者を直接つなげたいと考えていたが、あるきっかけから薪の販売を開始した。大きな設備投資ができない、そもそも静岡市内にまだユーザーが少ないなど、小さな規模から副業的に始めた事業だが、新規の顧客もいくつか開拓できたので、多少の手ごたえを感じている。

とはいえ新しい取り組みには、小試練や試行的なことがつきまとう。薪を製造してみて初めて「在庫」という概念と直面した。つくった分が全て売れるわけではないし、春に仕込んだ商品が売れてお金になるのは半年以上先。これは正直ツライ……。製造業を舐めていた。今後は予約注文の受付やネット販売、ストーブ販売店への卸売、薪ボイラーの導入先開拓など、他業種では当たり前の工夫を、ひとつずつ、実践していかなければならない。

端からみれば、無謀な挑戦、無計画に見えるかもしれないが、やはりトライ&エラーを繰り返して「林業ベンチャー」というビジネスモデルを確立していこうと思う。

森に棲む人

熱田安武・尚子

（あつた　やすたけ）蜂獲り師・野遊び案内人。１９８７年愛知県生まれ。幼少の頃から自然に遊んでもらうことを何よりの楽しみとする。２０１２年高知大学大学院総合人間自然科学研究科卒業。２０１２年、蜂獲り師・野遊び案内人として今までの生活を生業へと移行。著書に『これ、いなかからのお裾分けです』（南の風社、２００９）。

（あつた　なおこ）蜂獲り師・野遊び案内人の相方。１９８７年岡山県生まれ。子どもの頃から自然が好きで、特に川で遊ぶことが大好きな川ガキとして育つ。２０１０年徳島大学工学部建設工学科卒業。㈱西粟倉・森の学校での勤務を経て、２０１３年４月より蜂獲り師・野遊び案内人の相方として暮らしをつくっている。２０１４年より、夫婦で〈あつたや〉として蜂獲りや野遊び案内を開始。

マムシ

ある冬の日（尚子）

山のお家の朝は寒い。そんなに早い時間でなくても、山の中はまだ薄暗い。無理矢理起きて、洗濯機を回す。朝食のパンには、夫が山から採ってきた日本ミツバチのハチミツをかける。野性がつくりだす風味は、言葉では表せないほど華やかだ。

朝食を済ますと、夫は山へ。猟期に入って最初の獲物が、罠に掛かったらしい。夫を送り出して、洗い物をして、洗濯物を干す。山の水は、やっぱり冷たい。午前中は掃除や事務作業を片付けて、昼食の用意にとりかかる。頂いた大根の葉っぱと頂いたおじゃこの炒め物と、頂いた大根のお味噌汁と、頂いた小松菜と油揚げの煮物をつくる。こうして書き出してみると、頂きものが多くてありがたい。

そうこうしているうちに、夫が山からおりてきた。罠に掛かっていた鹿は、仕留めて血抜きをして内蔵を取り出してから家の近くの川につけてきたらしいが、手にはビニール袋をぶら下げていて、中につるんとしたお肉の塊が入っている。

「これなあに？」

「心臓。」

というわけで、初めて鹿の心臓を食べた。昼食のメインである。ひと口サイズに切り分け、塩と胡椒でさっと焼く。クセのない、でもしっかりとした味。心地良い歯ごたえ。鹿の心臓は本当に美味しかった。

夜はヒラスズキでも釣りに行こうか。

私たちは2人とも、子どもの頃から野に遊ぶことが大好きだった。現在は野山に近い場所に夫婦で身を置き、蜂獲りや野遊びといった私たちの生活の一部を生業につなげ、より多くの人に、自然に遊んでもらうという魅力を伝えながら暮らしを立てている。

完全な自給自足なんてできないし、生活にお金がかからないわけでもない。でもこうして季節ごとに自然の恵みを頂く山の暮らしは、豊かだ。

冷たい感触（安武）

9月から11月頭は、蜂獲り師として毎日ひとりで山に入る日々が続く。よほどの嵐でもない限り、風が吹こうと雨が降ろうと山へ入り、ただひたすらオオスズメバチの巣の在り処を探索して獲っていく。空飛ぶ蜂を山中で追う際は、その尾根を見渡せる最も高い樹に登っては視界の限りまで見て、また次の場所の樹に登ることとの繰り返しが続く。登りやすい樹だけを選べるはずもないので、指先の感覚と筋力、しなやかさを頼りに集中して登っていく。手を掛けるのに迷ったときは、自身の体重以上の重さを敢えてその枝に掛けてみて、折れるかどうかの見極めをする。

ある日、汗だくになって半分弱の高さまで登ったときだった。見上げる高さにあるヤマモモの太い枯れ枝にぐっと掛けた右手に、異様な感覚が伝わった。手の平の中で明らかな動きと冷たさを感じたとき、背筋が冷たくなった。反対の手で抱きかかえ、幹を引きつけながら静かに腕の先を見上げると、手の左に平たい三角の頭と鋭い眼が、そして右側にはチロチロと揺れる尾っぽが目に入った。嫌な予感のとおり、マムシの胴体を上から抑えつけているのが見えた。そのまま目が離せなくなった。手の置き処が悪かったら即座に毒牙にやられ、そのまま滑落していた可能性は存分にある。さて、どうするか。首を掴むには位置が悪い。枝が太すぎて握り潰すには厳しい。握力を緩めて頭が抜け出たら振り向きざまに噛めるだろう。打つ手のないまま、ひとりで冷や汗と脂汗をかきながら考え抜いていた。首やら腕が痛くなってきた頃、地上へと投げつけるしかないと腹を括った。抑えながら、少しずつ枝の横まで手とマムシの胴体をずらし、意を決して思いっきり放り投げた。その拍子に電気が走ったような痛みと痺れが指先に走った。長時間握っていたことで、掴んだかたちに硬直した手を見ると中指が樹皮に食い込み、爪先が裏返っていた。

噛まれなかったことに安堵はしたが、今でも手の冷たい人と握手をする度に背筋がぞくっとしてあの瞬間を思い出すときがある。

▍蜂獲りと野遊び（安武）

晩夏から秋には、高知県香南《こうなん》市にある自宅を中心とした山中に分け入ってオオスズメバチを追い、地中にある巣を麻酔や煙幕などを一切用いない、生掘りという伝統的な手法で採取する日々が続く。採取した幼虫は季節の恵みのひとつとして、料理店や個人に出荷している。4歳頃から父に連れられてずっと行ってきた蜂追いという生活を、生業にしはじめたところである。

年間を通じては、野遊び案内人として身近な自然に遊んでもらう魅力や楽しさを伝えるガイドを行っている。野山で遊ぶことを特別なこととせず、生活の一部として私は楽しんできた。楽しむといいながらも、実際はとことん真剣に気持ちを注いできた。学校の勉強そっちのけで、村の年配の方々に教わったり自然と対峙しながら培ってきた技術や知恵。自然薯掘りや水中釣り、ウナギ獲りや蜂獲りなどのガイドを通して自然に遊んでもらう楽しさをお裾分けしながら、野遊びの魅力に光を当てている。

▍蚊帳で眠る（尚子）

夏の終わりのある朝。蚊帳の中で目を覚まし、ふと気配を感じて起き上がると、枕元にオオスズメバチがいた。スズメバチのなかでも最大で最強の、あのオオスズメバチである。

蚊帳の外側の私の枕の辺りを、黄色と黒のしましまのお尻を揺らしながら、よじ登っている。

隣の部屋には前日に蜂獲り師の夫が獲ってきた蜂の巣が置いてあるので、家の中にオオスズメバチがいてもそんなに不思議なことでもないのだけれど。成虫は全て焼酎漬けにしたはずが、どこに隠れていたのか。

これではさすがに蚊帳から出られないので、隣の布団で眠っている夫をたたき起こす。

「ねえ、起きて。蜂がいるんだけど。」

「え？　ああ、これはアカンやつや。ごめん。」

そう言ってすぐに蚊帳の外へ出て、ピンセットを持ってきた。慣れた手つきで蜂をつまみ、他の成虫たちと同じように焼酎漬けの瓶の中へ。これで私も蚊帳の外へ出られる。蜂との暮らしはスリル満点なのだ。

あの子は多分、前日に獲ってきた巣から羽化して、一晩かけて私たちが寝ている部屋まで歩いてきた子だ。羽化してすぐのオオスズメバチは上手く飛べないし毒もあまり強くないので、夫はピンセットでつま

めるらしい。私にはとてもできないけれど。なにはともあれ、蚊帳は蜂よけにもなることが判明したので、11月まで続く蜂獲りのシーズンが終わるまでは撤去できなかったのである。

家族との原点（安武）

私は、いなかで育った。野山に入り自然に遊んでもらうということで、季節の移ろいを肌身で感じられる。私は幼い頃から、そんな風景が見えるわが家の暮らしが好きだった。増水した際には家の近くの川で、ひょいひょいっとウナギを釣る父。山の手入れの帰りに、タラの芽やウドの新芽を摘みながら道を行く祖父。そんなことを生活の一部として自然に行う姿は、幼い私にはなにより輝いて見えた。

とことん真剣に気持ちを注ぐことで知識や知恵をつけると、四季折々の自然の恵みを必要なときに必要な分だけ手に入れられる。祖父や父をはじめとしたそんな年長者が、育つなかで周りにいてくれたことは、今の私を育んでもらううえで特に大きかった。その方たちから、手に入れる手法だけでなく、自然の恵みの本質的な美味しさを損なうことなく持ち帰る方法や残していく掟を学べたことも大きかった。そうして得てきた美味しい恵みを家族で分かち合う喜びと幸せを知ったのはいつのときだっただろうか。いつの間にか、家族における役割や自分の存在価値のようなものを、自然からの恵みを得てくる術を身につけることで果たしていたのかもしれない。大学時代の友人が、そうして培ってきた技をガイドとして活かす方向へと導いてくれたことで、現在のようなはたらきになってきた。

上：ウナギのヒゴ釣り
下：オオスズメバチ

とても自然な流れで今の暮らしに辿り着いたと、自分では思っている。もともと川遊びが大好きだった。

■川遊びが大好きだった（尚子）

慣れ親しんだ小川で、里のちいさな生きものたちに遊んでもらうことが大好きな子どもだった。魚やカニを追いかけていると、あっという間に日が暮れた。そんな小川が、私の成長と共に護岸工事やダム建設、道路の拡幅工事で壊されていった。私からすると、大切な遊び場と大切な友達をいっぺんに失ったような気持ちで、とても悔しかった。これが原体験となり、環境問題に関心を抱くようになった。

川ガキの棲む川はどうすれば守れるのか。川ガキを育むことのできる地域社会の在り方は。そんなことを考えながら、学生の頃から、土木事業、環境政策、地域活性化、林業など、いろんな分野に飛び込ませてもらった。それぞれの現場で大切な出会いを重ねて経験を積んだが、その頃の私は、なんとなく大きな目標を掲げすぎて、周りに言っていることと普段の自分の暮らしぶりがちぐはぐになっていた。

その違和感に気づいてからは、自分の暮らし方に目が向くようになった。そして身の丈にあった暮らしを足元から丁寧につくろうと思いはじめた頃、蜂獲り師であり野遊び案内人である夫と出会った。

これまでもなにかしら田舎や森や川に関わる暮らしをしていたけれど、いよいよ自然の中にどっぷり身を置く暮らしが始まった。嬉しいことに、結婚して、一から暮らしをつくりはじめてみると、今まで出会った人たちともこれまで以上に通じ合えるようになった。紆余曲折はしたけれど、振り返ってみるとその全てがまっすぐな線の上にあるような、そんな感覚なのである。

▌尾根の樹上から（安武）

蜂を追うときも猟でイノシシやシカを追うときも、谷に沿って登り尾根を歩くことが多い。尾根伝いは山を越える蜂たちの回遊ルートになっているし、動物たちの気配も濃く、けもの道がハッキリとつくため痕跡を辿りやすい。尾根に着くと、樹冠を突き抜けているような高い樹を探す。てっぺんの位置を見ながらおおよその見当をつけると、その樹の先端まで登る。途中で見下ろしてみるだけでも、地表から見えるのとは違った表情の森が見える。先端まで辿りつくと、初めてその尾根を囲む山々が目に入ってくる。高知の山は沿岸部から少し入っただけでも急峻なため、太平洋が見えることも少なくない。空の青と海の蒼、そして木々の彩りは見るものの目を飽きさせない。と思えば、登っている樹を揺らしてどきりとするほど力強く、谷から吹き上げの風が登ってくる。さらさらと葉っぱを揺らしながら尾根に沿って流れるそよ風もある。登るときは身体を動かす汗というより、集中して手や足を運ぶ際にじっとりとした汗をかく。吹き抜ける風によってその汗が乾くのが妙に心地良い。

▌山の中のブランコ（尚子）

わが家は山の中腹にある。家の中から見渡すと庭の向こうは山。庭から山を見るとき、視界を遮るものはなにもない。私自身、普段は山奥へ入ったり木に登ったりはしないのだけれど、住処そのものが山の中にあるので、何気ない日々のなかでも山の魅力を感じられる。なかでもお気に入りなのが、庭の樫の木に掛けられたブランコ。朝起きてすぐ、洗濯物を干した後、お昼ご飯を食べた後、考え事をしたいとき、友達と電話をするとき。いろんな場面でこのブランコに揺られ、巡る季節の山の色や空の色を楽しんでいる。世の中の木にもっとブランコが掛けられたらいいのに。と思いながら、今日もブランコに乗る。

生きる知恵を受け継ぐこと（安武）

幸いにして私は、いなかで育つなかでいろんな経験を積むことができた。それは誰かのためという力の入ったものでもなく、自身が楽しいから、そして結果として得てきた恵みを分かち合うことで家族も喜ぶから、その生き方を重ねてきた。そして、躍動感に溢れたその世界をもっと知りたい、自分も楽しみたいという方たちとの出会いを少しずつ今重ねている。巡る季節のなかで心から良いと思えるものやことをお裾分けさせて頂くと、周りの方は心からの笑顔を見せてくれる。そうして、出会った方が森に入ったり川に身を置くことで自然に遊んでもらう楽しさを知ってくれたり、一緒に過ごした時間をきっかけになにかを感じていただけることがあるのはとても嬉しく思う。

川ガキの棲む川へ（尚子）

今はただ、暮らしを丁寧につくりあげることに全力である。巡る季節のなかで、生きる術を磨き、自然の恵みを頂きながら、山際で、家族と健やかに暮らす。シンプルだけれど、簡単ではない。大切なものを大切にするシンプルな暮らし方を続けて、そしてそれを周りの人たちと共有し、笑顔を増やすことが、私たちの目指すところだ。もちろん私の心の根っこには、川ガキの棲む川を守りたいという想いがある。でもそれも、まずは自ら川に遊んでもらいながら、一歩ずつ、夢に近づいていけたらと思っている。

森で迎える人

東　達也

（ひがし　たつや）〈瀞ホテル〉４代目。１９８１年奈良県生まれ。２００４年大学を卒業後にアパレルメーカーに勤務。退社後、フリーランスで企業やアパレルブランドの生産管理を請け負う。２０１３年６月に〈食堂・喫茶　瀞ホテル〉としてかつての旅館を再オープンさせる。現在、県境の森で新たな観光の在り方を模索している。

2013 年 6 月に再開した〈食堂・喫茶 瀞ホテル〉。瀞八丁の景色を望む僕が生まれた頃、いや、そのずっと前からこの景色は変わらない。

そう感じたのは明治時代の絵葉書に写る風景が白黒ではあるものの、僕の今目の前にある風景と大差ないと感じたからだった。大阪の都心部から3時間半。奈良の最南端にして紀伊半島の山間部。吉野熊野国立公園・瀞八丁《どろはっちょう》の中心地に建つ築１００年の木造3階建ての元旅館で妻と2人、食堂・喫茶をしている。

この地でその昔、山で伐り出した材木で筏を組み、河川で筏下しをすることによって木材を運んでいた人々を筏師《いかだし》と云っていた。その筏師のための宿として１９１７年（大正6年）に僕の曽祖父が、〈あずまや〉を創業し、途中〈招仙閣〉と名を変え、昭和初期に観光旅館になった際、今の名〈瀞《どろ》ホテル〉となった。当時、4、5軒あったという宿の建物も今は当館のみとなり、その歴史を唯一留めている。２０１３年6月、僕たち夫婦はその〈瀞ホテル〉を旅館としてではなく、食堂・喫茶として再開した。

■〈食堂・喫茶　瀞ホテル〉

瀞八丁とは、峡谷の両岸に高さ50ｍにおよぶ断崖、巨石、奇岩、洞窟が1㎞以上続く日本屈指の景勝渓谷だ。山、岩、水、いずれも群を抜いた美しさが、口八丁、手八丁の語から引用されたという。

僕らのお店にくるお客さんの年齢層は、観光地ということもあってか、家族連れからお年寄りまでとても幅広い。地元地域の方と都心部などからの観光の方とで、半々位という所だろうか。素朴で気取らない雰囲気が出せればと思い〈食堂・喫茶　瀞ホテル〉という呼び名を選んだ。時には、先代や先々代の時代に宿泊してくれた方が30年、更には50年ぶりに来てもらえることもあり、当時の景色や思い出を想い返しておられたりする姿を見ると、再開して良かったなとつくづく思う。また、僕自身が知らない当時の賑わいぶりや〈瀞ホテル〉の様子をお客さんに教えていただくことも楽しみのひとつだ。今は、人口20人に満たないその集落に郵便局・駐在所・よろずや（数年前に廃業）最盛期には診療所もあったというのだから、いかに林業と観光で賑わっていたのかと想像に難くない。

ホテルという名を残したからか「泊まれないの？」「宿泊はいつ再開するの？」、時には「1泊いくらですか？」といった質問を受けることがある。食堂・喫茶のみの営業という形態を選んだ最大の理由は、2年前の台風によって浴場部分が流失してしまったからだが、いつか宿泊もできればと密かに企んでいる。

日々の仕事は、主に妻が調理全般、僕がドリンクと軽食、そして接客を担当している。毎週木曜日は定休をいただいているのだが、それ以外は〈瀞ホテル〉に近隣の町から毎日45分かけて車で通っている。基本的には夫婦でお店を回しているので、買出しや仕込みの都合上、あまりメニューは多くない。だけどその分、季節を感じてもらえるようにひとつひとつ丁寧に手づくりすることを心掛けている。たとえば、自家製ジンジャーエールに使うシロップは2日かけてつくっているため、一度に多くはできないが、風味は良い。夏、峡谷といえど扇風機で暑さをしのぐ店内で少しでも涼んでもらえればと考えてつくったメニューだ。「本日のごはん」という食事メニューについては、季節に合った素朴な家庭料理を出していて、その日の仕込み分がなくなり次第終了というかたちにさせていただいている。

今後は少しずつメニューの種類も増やしていこうと現在模索中だ。

ただ、背伸びはせず、自分たちにできる最大限のことを、自分たちのペースで。

僕は、自然を追い求めて田舎に帰ったわけでも、都会が嫌で戻ったわけでもない。生まれ育った景色や建物がそこにあり、それらが田舎のなかだったというだけのこと。ただそれだけのことが、僕を田舎へと向かわせ、そして今、楽しみながら次の一手を企てている。

頭の片隅にあった田舎のこと

23歳、ちょうど大阪の大学を卒業した直後に、病を患っていた父が他界した。父の死を受けて一旦、生まれ育った瀞八丁に帰ることになった。当時は、大阪での便利さに溢れ夜も長い都会での生活が楽しかった。田舎や自然に囲まれた環境に対して特別な思いは一切なかったため、自分で1年という期間を決めて帰ることにした。

中学・高校は和歌山県の新宮市で過ごしたので、約10年ぶりの帰郷だった。だが、久しぶりに過ごす田舎は思ったより嫌ではなかった。むしろ水や空気のきれいさに改めて気づいたり、幼少期のように野山を楽しむことができた。もちろん、〈瀞ホテル〉についてもその時点では休業状態で形式的に自分に代替わりはしたものの、なにをどう動くべきかもわからず、だらだらと時間だけが過ぎていった。売却や解体といった話もあったが、いつかは……という想いだけはブレずにあったので、休業状態のまま、建物は現状を維持することを選んだ。

そして、父の法事も終わり、まだ結論を出せずそろそろ1年が経とうとしていた頃、以前から親交のあったアパレルメーカーの方から「そろそろ大阪戻って来る？ 来るならうちではたらかないか？」と声をかけてもらった。その時点で宿を引き継ぐことへ踏み切れなかったこともあり、もう一度大阪へ出ることにした。結局、その会社にはそれから約5年間お世話になり、営業やマネージメント・ブランディングといったことを身近に経験させてもらえたことは、今の自分を形成するうえで重要な財産となった。

2011年、会社が事業拡大のため本社自体を東京へ移転することになったとき、東京で新たな経験を積めることに魅力を感じ最後まで迷ったが、〈瀞ホテル〉が気になっていた僕は大阪に留まることを決めた。

この頃から、今までぼんやりしていた田舎へ帰るイメージを、より具体的に探るようになった。

突然やってきた、再開のきっかけ

そして、2011年9月、のちに紀伊半島大水害といわれる台風12号がやってきた。土地柄、台風には慣れていたせいもあり、当初はまた来たかという程度の認識だった。

〈瀞ホテル〉が浸水したと人伝いに聞いたのは2日後のこと。気になって向かった現地で目にした光景は、ある意味見事なものだった。普段は遥か下に見下ろしていた川面が、崖の上にある1階付近まで到達したらしく、別棟の平屋建ては、浸水どころかきれいさっぱり跡形もなく流されていた。まるで、最初からなにもなかったかのように。

100年に一度と云われたその台風は、僕が見てきた景色を一変させ、遊び場だったつり橋や探険した山道、川の流れさえも変えてしまった。ただ、建物の大部分は残り、そこから見える景色も大きくは変わらなかったことは幸いだった。

ちょうど同じ頃、第1子を授かり、子どもは地元で育てたいという思いと重なり、「これは今なのかな」と、帰郷することと同時に〈瀞ホテル〉復活を決意した。

大阪へ出てから約7年半、常に〈瀞ホテル〉のことは気になりつつも、なかなか一歩を踏み出せずにいた。しかし、今回の台風被害で修復が急務になったことと、子どもを授かったこと、そしてそれらが重なったことが大きく背中を押した。

時代を新しく巻き戻すこと

台風で破損した建物の修復はもちろん、長い休業状態が続き老朽化していた建物を、思い切って改装することにした。

なにより今回の改装で一番意識したのは、年代を戻すこと。

改装を始めるにあたり、まずは建物内の不要な家財道具や瓦礫を撤去する必要があった。80枚の畳と100枚以上の布団を処分したときは2tトラック5台以上にもなった。母がこの家に嫁いできて約30年、一度も開けたことがないと言っていた押入れが何十年ぶりかに日の目を見たのもこのときだ。なかには、数々のガラクタと共に、昔のパンフレットや古い書類・食器などがあり、状態の良い一部の食器は再利用し、パンフレット等も今後うまく活用していければと、とっておくことにした。

そして、いよいよ建物の改装へと移っていくこととなる。元々が旅館というだけあって、スペースをそのまま使えば50～60席位は取れたのだが、来ていただいた方全員に目の前の峡谷の景色を見てもらいたかったので、客席は全て窓辺につくり、席数も半分以下の約20席にした。

椅子などの家具や調度品は、今は廃校になってしまった母校の小学校から譲りうけた物や、同時に自ら仕入れたアンティーク物と混ぜて配置した。妻の父が大工ということもあり、技術的なアドバイスを受けながら、できる限り元来の雰囲気を損なわないようにするために、改装で出た廃材を再利用したり、サッシが入った窓には古い建具を探してきては入れ直したりした。さらに言えば、目に付くところの丁番やネジさえ古い物などを探して使用した。

また、敷居に松が使われていたり、階段や小上がりには椛《かば》や欅《けやき》が使われていたりと、当時の雰囲気を感じられる部分というのはそのまま利用した。先にも触れたとおり、台所は流失してしまったため、1階に新たに新設し、家族が使っていた居間や子ども部屋は玄関と廊下も併せて全て板間へと変更し、それらを仕切っていた土壁も全て撤去した。

動き出すと思いのほか順調に進み、楽しみながら作業ができた。気づけば半年という時間は、あっという間に過ぎていた。そして、２０１３年5月にプレオープン、6月末に本格オープンを果たした。

▍なんでもない日々の魅力

ここに来て気づいたのは、なにも考えない時間の重要性と、午後は短いということ。自営業という職業柄、日々の業務・今後の展望など常になにかを考え思い悩むことも多い。そんななか、自然・森の中でな

1

2

3

4

にも考えずボーっとすることは、本当に気持ちのリセットになることを日々実感している。

都会で暮らしていたときは、0時前に帰宅し3時過ぎに就寝という完全夜型の生活を送っていたが、朝を感じる時間に目覚め行動すると、午後は当然1日サイクルの終盤になり、あっという間に過ぎてゆき、逆に午前の時間をとても大切に考えるようになった。午前中の忙しさや充実感がその日の満足度に比例する暮らしはとても心地良く、日の昇降に順じて生活を送るというのは理に適っているのかもしれない。

でも、地元の人たちに比べるとまだまだ僕たちの朝は遅いのだけど。

次の100年に向かって

今考えていることは、瀞八丁により多くの人に訪れてもらう仕組みをつくることだ。そのために、もちろん個人のお店として、日々目の前の仕事をこなすことも大切だが、ここには立地的な問題点もある。観光地という性質から、シーズンのオン・オフの差が大きい。いずれ地域でも雇用を生み出していくことまで考えると、その差をいかに埋めていくかが目下の課題だ。

そしてそれは、ひとつの地域や自治体だけでなく隣接する周辺地域全体で取り組むべき問題であると思う。このあたりには、おもしろい観光資源も眠っている。二つの飛び地を持つ和歌山県を含む3県（三重・奈良・和歌山）の県境が五つも点在する複雑に入り組んだ同地域周辺には、人が居なくなった廃集落がいくつかあり、それらをつなぐ生活道のなかにはかつて筏師たちが歩いた道や、ガイドブ

1. かつての筏下しのように、遊覧船が通る日常の風景／2. 珈琲を淹れる筆者／3. 喫茶のメニュー、スコーンとジンジャーエール／4. どこの席でも景色を楽しんでもらえる店内

ックには載っていない参詣道などがあり、それらは複数の自治体にまたがり存在する。3県の観光資源がうまく連携すれば、もっとおもしろい観光地になると思っている。かつての「熊野」というひとつの地域を意識して……。

こういった未開発の地域遺産を、当時を知る人びとがいなくなってしまう前に記録していくことが、まずは第一歩だろう。実際に、筏師の道が隣の北山村で重要無形文化財に指定されたのは、2014年2月のこと。まだ活動は始まったばかりだが、筏師の道ウォークなどのイベントも開催されている。

〈瀞ホテル〉も今後は、まだ手付かずのスペースを改修していく予定で、これまでは川を臨む開放的な席をつくってきたのだが、あえて小窓に設えた、閉鎖的でゆっくりと本を読めるような、今までとは少し趣向の違う客席を計画中だ。さらに、〈瀞ホテル〉と瀞八丁や集落の歴史を昔の写真や絵葉書などを用いて、展示できるスペースをつくったり、物販コーナーも準備中だ。〝熊野にまつわる衣・食・住〞のセレクトショップ〈木花堂〉さんや、〝革カバンと日々のもの〞なかでも「紙モノ」「書籍」のセレクトが際立つ〈selection ROCA〉さんなどに協力してもらっている。また建物自体も、国の文化財登録を進めていく予定だ。

こうして、地域の歴史や新たな魅力を発信できる場所として〈瀞ホテル〉も同地域観光の一端を担えればと思う。

個の魅力を高めることが地域全体の活性化につながることだと思うから。

この景色や建物を100年後、いや、そのずっと先まで変わらず残していくために。

森で採る人

成瀬正憲

（なるせ　まさのり）〈日知舎〉代表、山伏、山菜・キノコ採集者。１９８０年東京都生まれ、岐阜県で育つ。２００７年中央大学大学院総合政策研究科修士課程修了。２００７年PTP Inc.入社。福井県三国湊のまちづくりに携わる。２００９年山形県に移住。羽黒町観光協会職員として〈出羽三山精進料理プロジェクト〉を立ち上げ、地域事業を行い、２０１３年独立し〈日知舎〉設立。山伏修行の場づくり、精進料理による地域づくり、〈アトツギ編集室〉の出版活動、地域の食と観光の商品開発、山の食材と手仕事の流通、地域文化の調査研究・事業企画などを行っている。

春光を浴びるゼンマイ

「どうだった?」「まだでしたね」

そういってザックからモダシ(ナラタケ)を取り出した。4kgはあったろうか。10月上旬の月山にしては少ない収量である。「近年読みにくくなってきているからな」と月山頂上小屋の主、芳賀竹志さんがいう。60年もこの山に入ってきた彼ですら、キノコの生育が予測できなくなってきたという。「夏が過ぎても気温下がらなかったですしね」と僕。山が色づきはじめると、こんな挨拶が交わされる。「おはよう」でも「こんにちは」でもなく、キノコ採りの具合はどうかというのが、ここ月山の秋だ。

1ヶ月後に「森の晩餐」というツアーを控えていた。このツアーを一緒に企画したのは、アトツギ編集室というリトルプレスの面々。山形県庄内地方の在来作物や出羽三山の精進料理の後継者を巡り『アトツギ手帳』という本を出版した仲間たちだ。

ツアー当日、心配していた天気は今秋一番の快晴となった。2日間のこの旅は、マタギ(狩人)と一緒に朝日連峰のクマヤマ(熊の狩場)を歩き、月山では芳賀さんとヤマノモノ(キノコや木の実)を採集する。それを自分たちで調理し、森の晩餐会を開く。保存食もつくってお土産にする。長く山に関わってきた人々が自然とどう向き合い、なにを思い、どのように働きかけ、なにを自分のものとしているかを自ら体験するというもの。だが、2日間が荒天なら森に入れず、収穫物がなければ晩餐会は開けない。主眼としたのは、思い通りにならないことを前にして不確実さを

1. ツアー「森の晩餐」でお土産にした、ブナの実のグラノーラ、キノコの水煮、こくわのリキュール/2. 参加者にヤマノモノについて話す芳賀さん/3. ヤマブシダケを持つ参加者/4. 晩餐はキノコをふんだんに使って、アヒージョ、パスタ、鴨汁、炊き込みご飯のおにぎりを自分たちで調理した(1－4:©アトツギ編集室　吉田勝信)

A Banquet in the Forest
木の実
グラノーラ
A Banquet in the Forest
きのこのみずに
MADE IN YAMAGATA 2013.11.3
1

2

3

4

楽しみ、それを森のテーブルマナーとすること。この「注文の多い旅」に、遠く関西、中部、関東から地元山形まで、遠近の参加者が頷き、集まってくださった。

帰り際、ある参加者の方がいった。「このツアーは伝説になりますよ」。忘れられない一言だ。

僕の仕事場

山形に移住して5年。長い冬を御すにも慣れてきた。ここに〈日知舎《ひじりしゃ》〉を設立し、現在様々な仕事をナリワイにして生計を立てている。月山のヤマノモノ採集もそのひとつだ。採集期には月山の深いブナ林が僕の仕事場になる。

この山は人をひきつけてやまない。例年なら10月上旬はマイタケ、ノキウチ（エゾハリタケ）、カノカ（ブナハリタケ）が出はじめ、採集シーズンが始まる。ほどなくモダシ、ヤマドリ（クリタケ）、早生ナメコ、ヒラタケ、ムキタケが採れるようになり、黄葉はいよいよ深みを増す。やがて奥ナメコやエノキダケが終わる頃、山は静かに白く閉ざされる。長い冬を経て大雪が少しずつ融けだすと、まばゆい緑が萌えあがり、ゼンマイ、ヤマウド、オオバギボウシなどの山菜が次々と立ち現れる。僕たちは残雪を追うようにして山の奥へ、奥へと分け入ってゆく。そしていよいよ、月山筍の季節が到来するのだ。

月山筍はこの地方に数ある採集物のなかでも特別なものである。やすやすと採れるわけではない。明けきらない夜に山麓を出発し、狩場まで雪渓を登ること1時間半。春から初夏のあいだだけ谷合の圧雪は山道となる。どおお、どどお。踏みしめる大地の底では勢いよく水が流れる。日が昇るにつれ白い地面は蒸気となって立ち上る。屈強な筍採りたちとすれ違うちはまだ人肌を感じるものだ。熊の寝床や大きな糞の傍らを過ぎ、だんだん空気が薄くなり、周囲の色彩がモノトーンになる頃、広がる狩場はもはや人の住む世界とは思われない。吹きすさぶ風の向こう、靄にかすむ町が見える。チシマザサに全身をうずめ月山筍の採集をしていると、時折なにかの存在を感じることがある。山稜のどこかで、なにかがこちらを見ているような"まなざし"を感じるのだ。手をとめて立ち上がり、その方向に向き合う。静かな緊張が走り、ふと途切れる瞬間があって、僕は手を合わせる。

横たわる暗黙知

月山を含めた東北の落葉広葉樹林、主としてブナの森が形成されたのは今から約八千年前、縄文時代にさかのぼる。この森は、動物や人の重要な食糧源となるいわゆるどんぐりを大量に供給した。その結果、人だ

けでなくあらゆる動物群がこの森に育まれ、狩猟採集を基本とする生活文化が育まれるようになった。この土地の食卓には、今もその時代とほとんど変わらない調理を経た一皿が並ぶ。

忘れられない言葉がある。芳賀さんに山菜採りの手ほどきを請い、初めて月山へ入ったときのことだ。残雪に桜の散る渓谷は、いち早く露になった斜面に瑞々しい緑が立ち現れていた。滑落しそうな斜面の道なき道を進む。ふと足を止めた芳賀さんの視線の先、僕の足元には、踏みしだかれたイヌドウナがあった。雑草のように見えたそれも、食べられる植物だと教えられた。ゼンマイ採りひとつとってもそこには明文化されない〝ルール〟がある。来年も収穫を期待できるよう、雄株は残し、雌株も株立ちから数本残して、根を痛めないよう上から20㎝だけを採らなくてはならない。

「自然との付き合いはその場限りのものじゃない。だからこそ気遣いが必要だ。それはどんなことにもいえることじゃないか」

森の生態系が循環する過程で産出されたものを人は「恵み」として採集する。けれども森は人がいなくてもその循環を続けてきたし、これからもそうだろう。幸運にも「恵み」を享受しえたものは、自身に自然との向き合い方や振舞いを省みるよう促されるのに気づく。

採集に横たわる暗黙知というべきもの。自然への働きかけに底流する倫理と呼べるもの。それが僕には大切に思えた。けれども、いたるところでそれは経済性とわかりやすさの狭間に消え去ろうとしていた。

文化を継承する仕組みをつくる

「そりゃ俺だって山で稼げればそうしたいさ。だけど家庭もあるし、仕方ないんだ」

採集だけでは生計が立たないから、地元の若者からそれを生業にしようとする声は聞かれない。一方、採集知や技術というものは、携わる人がいなくなればその代で潰えてしまう、という状況がある。

今のところ、山の幸は止むことなく自然から産出されている。ひとつひとつの味、触感、大きさ、どれも最高級だと太鼓判も押されている。需要があり卸し先が見つかれば流通が始まり、供給のために人手が必要になるだろう。問題は、それが食べていけるだけの仕事になるかということだ。残念だが、それだけではほぼ不可能なのが実情である。けれども、採集がいくつかある仕事のうちのひとつだったらどうか。そもそも採集は季節限定の仕事である。複数の仕事を組み合わせて月間および年間の生計を立てることができれば、仕事のひとつとして選択肢にあがりうる。そのような働き方が複数化すればひとつの仕組みができる。地域経済の循環させる仕組みが、山の文化を継承していく。このようにして、経済に乗りにくい暗黙知が生き延びる術を探せないか。こうした考えをずっとあたためてきて、今ここで実践し、暮らしている。

この手でできること

実践に対して楽観的なのは父の姿を見てきたからかもしれない。梃子やコロの原理を巧みに使って1人で重い材木を動かし、組み合わせ、その手で工房や自宅が建てられ、家具がつくられていく過程を目にして育った。人の手には何かを生み出す力と自由があることを学んだのだ。

高校卒業後、海外留学のために資金を稼いでいたとき、山伏の存在を知った。羽黒の山伏たちは「秋の峰」と呼ばれる修行で、入山前に自分のお葬式をあげる。自らを死者、山を他界であると同時に胎内とみなす。修行は死者となった山伏が新たな生を受け、胎児として生長してゆく過程であり、最後に山を駆け下りるのは、新生児としての再生を意味するという。自然と人間の通底する世界観への深い共感が、僕を秋の峰へと駆り立てた。自分のような都市部に住む若い人たちにも、身をもって山伏修行を経験できる場をつくりたい。その思いは10年にわたり修行体験をする活動窓口を担うことにつながった。

日本の大学では社会と自然について哲学的に考え、各地の祭礼や習俗を訪ねたり、冬季湛水・不耕起栽培農法や里山保全活動に参加したりした。グローバリズムと呼ばれる時代に、山伏のような文化はどうなっていくのだろう。それを考えたくて、僕は文化継承の仕組みづくりに進路を定めた。

羽黒地域を拠点として、山伏修行体験の運営を軸に、文化継承に向けた活動に取り組みたい。大学最後の年に拙い企画書をしたため、雪の降るなか、羽黒山の山麓にある宿坊・大聖坊の主、星野文紘さんを訪ねた。星野さんは若者の無謀に耳を傾け、「生計は生計として立て、それとは別の時間で自分の好きなことをやってはどうか」と示唆された。

そこで、大学の先輩を通じ、福井県を中心にエネルギーと環境教育と地域活性化などの活動をしていた福嶋輝彦さんと吉村恵理子さんに出会い、その現場に飛び込み2年間仕事を学んだ。その後、羽黒町観光協会の臨時職員の職を得て羽黒町へ移住し、出羽三山の山伏文化と精進料理をフランスとハンガリーで紹介する事業を手がけ、羽黒町の宿坊・旅館の後継者たちと出羽三山精進料理プロジェクトを立ち上げた。地域に生き生きとした風が吹きはじめた。そして13年、かつて企画書に書きつけた日知舎という事業体をスタートさせた。

足元に広がる世界を

立ち上げからの1年間、日知舎は様々な仕事をしてきた。山伏修行の運営、出羽三山精進料理プロジェクトの食文化事業、アトツギ編集室の出版・展覧会・ツアー事業、庄内地域の食と観光の商品開発、月山山麓の手仕事の制作・流通、ダンス作品の制作・演出・出演、地域文化の調査研究などがあり、山菜とキノコの採集と出荷はそのひとつだ。どの仕事も、受け取りきれないものを、それでも受け取って、次に渡そうとしているところに共通点があると思う。

ブナ林で採集されるキノコの多くは木材腐朽菌と呼ばれる。こうした菌は、森林生態系のなかでは分解者として樹木を腐らせるという重要な役割を担っている。それればかりでなく、森林が世代交代していくプロセス自体にダイナミックに関わるものだ。森に立てば、その足元には多種多様な菌類たちの不可視の世界が広がっている。生態系の分解者である菌類を人間界にもとめれば、山伏や日知（ヒジリ）といった死や自然の奥底に関わる人びとに出会うだろう。そこに連なる1人として、足元の、その下に広がる大切なことをやっていきたいと思う。

森を描く人

林業というナリワイを描いて、見えてきたこと

森を書く人

三浦しをん

(みうら　しをん)作家。1976年東京都生まれ。早稲田大学第一文学部卒業。林業と山村を題材にした小説『神去なあなあ日常』『神去なあなあ夜話』のほか、『風が強く吹いている』『まほろ駅前多田便利軒』『舟を編む』など著作多数。

小説『神去なあなあ日常』の取材で訪れた林業現場で

林業は山のなかで作業が行われるため、どうしても人目につきにくく、農業や漁業に比べ、その重要性があまり知られていない傾向にある。私自身も町で生まれ育ってきたので、林業に従事するひとが近所にいるということもなく、どんな仕事なのかを詳しく知る機会もなかった。

ただ、私の祖父は生前、三重県で林業をしていた。私が物心ついたころには、祖父は仕事をほぼ引退してプラプラしていたのだが（そして周囲の証言から推測するに、現役時代もプラプラしがちなひとだったようなのだが）、山で仲間と働く時間がどんなに楽しかったか、たまに話してくれることがあった。

私が学校に通っていたころ、社会科の教科書には、林業は「斜陽産業」だと書かれていた。祖父が語る活気のあったころの山の様子、仕事の楽しさと、「斜陽産業」とのあいだには、大きなギャップがある。そこがずっと引っかかっていたので、林業を題材にした小説『神去《かむさり》なあなあ日常』を書くことにした。

資料を読み、実際に林業に携わっている人々に取材すると、たしかに現在、日本の林業は厳しい状況にあることがわかってきた。材木の値が下がり、後継者も不足していて、山の手入れが行きわたりきらない地域も多々あるようだ。

しかし同時に、希望を持って熱心に山で働くひとが大勢いることも知った。彼らの作業の様子、山仕事のおもしろさを語る口調と情熱的な姿勢に接するにつけ、やはり林業は「斜陽産業」などと一言で片づけられるものではないのだと思えてならなかった。彼らと同じような気持ちで、祖父も山で働いていたのかもしれないと、祖父の若いころの姿をふと想像することもあった。

林業に対する大きな誤解のひとつは、「木を伐るのだから、自然破壊だ」というものだろう。実際はそうではない。日本の山でひとの手が入っていないところは、ほとんどないのだそうだ。それぐらい、山は私たちの身近にあった。人間界からは隔絶された「自然」をうやうやしく遠巻きに眺めるのではなく、人間も自然の一部として山へ入り、山から恵みを受け、山のサイクルがスムーズにまわるよう手助けしていた。

林業は木を伐るだけではなく、木を植える行いでもある。また、適度に木を伐ることによって、山に日が差し、大木が育つようになる。いい木がたくさん育てば、山は水を蓄え、きれいな川が流れだし、それはやがて海に注ぐ。育った木を伐ったあとには、また苗木を植え、百年かけて手入れしながら大木に育てあげる。伐った木は家や家具にかたちを変え、私たちの暮らしを成り立たせてくれる。

もうひとつ、文化や信仰観を考えるうえでも、林業は非常に重要だ。平野部がほとんどないと言っていい日本列島で暮らしてきた人々は、古くから海上を舟で、あるいは山をつたって、移動し交流したはずだ。海や山の彼方に「異界」の存在を感じ、憧れ、畏れと敬いの念を抱いたのだろう。

それは現在、山に入って働くひとたちと話していても感じられる。危険を伴う作業ということもあって、彼らは山を愛すると同時に、決して気を抜かず、節度と畏れをもって仕事にあたる。山の神さまが木を数えるとされる日には、いまでも山仕事を休み、人間は山へは入らない、という風習が残っているほどだ。

また、林業が盛んだった時代には、山づたいに移動しながら作業にあたる人々がいた、という証言もよく聞いた。季節の移ろいに応じ、広範囲を旅しながら暮らすひとが、昭和30年代までは確実に存在したわけで、村境や県境に捕らわれない「山の道」を使って、人々が盛んに交流していたことがうかがわれる。

こうした、生活と山との距離の近さ、自動車用の「道路」とはまたべつの「山の道」について考えることは、信仰、文化、習俗、知恵の伝播ルートを知るうえで、大切なポイントだろう。林業が完全にすたれてしまったら、皮膚感覚で山や「山の道」を知るひとがいなくなり、古くから伝えられてきた信仰観や、山とともに生きてきた文化の息吹が途絶えてしまうことを意味すると思う。

現実はたしかに厳然と存在する。だが、山で働くひとたちの情熱、喜び、楽しさ、抱いている希望の灯《ひ》は、決して失われてはいない。取材で出会った人々はみなさん、とてもフレンドリーで、仕事に対して誇りを抱いておられた。百年さきを見越して急斜面に木を植え、体が動くあいだは山に入って丁寧に木の手入れをし、百年まえに植えられて大木に育った木を大切に伐倒《ばっとう》、搬出する。

とにかく百年サイクルで物事が進むので、みなさんおおらかで、小さなことではくよくよしない。台風によって一晩のうちに何百本もの木が倒れてしまっても、「まあ、こんなこともある」と、また黙々と木を植える。年度ごとの収支に一喜一憂するのも、商業活動としては当然であり大切なことだと思うが、林業はなんというか、そういうリズムとは根本からちがうのである。

「これ、あんたのおじいさんが植えた木やで」

と、丸太を薄く輪切りにしたものをいただいたとき、私は深く感謝した。私の父も含め、親戚で林業を継いだものは1人もいない。にもかかわらず、村のかたは祖父の山の手入れを継続し、立派な材木になるまで木を育ててくださったのだ。しかも、記念になるものまで手渡してくださった。祖父も不肖の子孫に代わり、きっとあの世で感謝し、喜んでいることだろう。

林業はたいてい、チームで行われるためか、多くのひとが冗談好きでコミュニケーション能力が高い。酒を飲むのが大好きで、ご相伴にあずかった私は生まれてはじめて、酒で記憶を失うという経験をした。また、ヒルにも生まれてはじめて血を吸われたが、山で働く人々はそんなことでは動揺しない。「なんや、これぐらい」とライターの火でヒルを撃退してくださった。危うく惚れそうなほど、生命力・生活力に富んだ人々なのである。

取材で出会ったみなさんのお顔を思い浮かべ、脳内でいろいろ検討した結果、林業が直面する厳しい状況については、小説ではあまりつっこんで書かなかった。必要ない気がしたからだ。斜陽産業？ そうかもしれない。だが、数値では計りきれない部分を伝えられるのが、小説というフィクションのいいところなのではないかと信じ、登場人物の目と心を通して、林業の魅力と底力に迫ろうと試みた。

たとえ自宅の近くに山がなくても、少しでも林業に興味を持ち、山へ思いを馳せていただけたらと願う。山は私たちと密接につながっている。暮らしの面でも、自然サイクルの面でも、文化や習俗の面でも。山と林業について知り、考え、想像することは、日本列島で生きるとはどういうことなのかを知り、考え、想像することではないかと、個人的には思っている。

森を撮る人

矢口史靖

（やぐち しのぶ）映画監督。1967年神奈川県伊勢原市生まれ。東京造形大学デザイン科卒業。1993年『裸足のピクニック』で劇場監督デビュー。2001年『ウォーターボーイズ』が大ヒットを記録し、『スウィングガールズ』（2004年）で第28回日本アカデミー賞5部門を受賞。その他の代表作に『ハッピーフライト』（2008年）、『ロボジー』（2012年）、『サバイバルファミリー』（2017年）、『ダンスウィズミー』（2019年）がある。林業をモチーフにした『WOOD JOB！～神去なあなあ日常～』は、2014年に監督。

『WOOD JOB！～神去なあなあ日常～』のロケ地である三重県の美杉は、どこを撮っても緑が画面を埋め尽くす最高のロケーションだった（©2014「WOOD JOB！～神去なあなあ日常～」製作委員会）

2010年。プロデューサーから受け取った原作小説、三浦しをんさんの『神去なあなあ日常』を一読して、これは是非映画館のスクリーンで観たいと思った。率直に「もし誰か他の監督が撮ってしまったらとても悔しい」とも感じた。原作の持つ骨子に肉付けする形で、実際の現場や林業家への取材をもとにシナリオを書いていった。2012年に取材を始め、映画の完成まで実に4年越し。ようやくの公開を迎える。

この村を描くにあたって最も気をつけたことは、都会人が想像するような〝エコロジーでオーガニック〟な憧れの世界にしないこと。口より先に手が出る先輩、トイレがない山では立ちション。人間関係はやたら濃く、エッチな話題には明け透けで噂話が大好きな村人たち。ヘビやらヒルやら、そこらじゅう虫だらけ。都会にはないストレスに囲まれいろんな目に合うほど、デジタル機器に囲まれて暮らしていた都会育ちの主人公・勇気の中で、忘れていた五感が目覚めるのではないかと思ったのだ。

誰も見たことのない林業エンターテイメントを！

まずこの物語のおもしろさは、林業家しか見たことのない特別な世界があるということだ。それは映画の大スクリーンでこそ魅力を最大限に伝えられる、そんな確信があった。林業家が普段見ている凄い景色に観客を連れて行こうという狙いは映画の幾つものシーンで実現した。

たとえば、「杉の木の高所で種取りをする」というシーンがある。林業家でなければ決して体験することのない景色なので、そのリアルを主人公と共に観客にも味わって欲しかった。「スタントはなし、とにかく本人たちに登ってもらう。高さも誤魔化さずに彼らの視点にカメラを近づける」撮影前にはそう意気込んでいたが、いざ実現しようとすると俳優もスタッフも大変だった。特に俳優陣は、主人公の勇気を演じた染谷将太くんも、ヨキ役の伊藤英明さんも、もちろん30m近くある高い木に登るのは初めての経験。自力で登るだけでもかなり大変な作業なのだが、さらに地上から高さ20mほどの細い枝の上に片手放しで立ってもらった。相当な恐怖だったと思うが、カメラが回るとそんな素振りはまったく見せないから流石だ。俳優陣のプロ根性、またスタッフの工夫と粘りでまさに林業家でなければ見られない景色をフィルムに残すことができた。

昨今の映画では、危険なアクションや大迫力の映像にはCGを使うことが多いのだが、この作品では限りなく実写で撮ることに拘り、林業シーンの撮影には普通の撮影の5〜10倍、手間と時間がかかった。俳優本人に高所作業やチェーンソーでの伐倒をしてもらうため、事前に訓練期間を設けて何本も木を切り倒してもらった。バイクで山を走り回る設定のヒロイン・直紀役の長澤まさみさんにはもちろんバイク練習に励んでもらい撮影に臨んだ。

キャストに関しては、ヨキをどれだけ魅力的にするかが課題だった。原作よりも数倍ワイルドにしてある。乱暴でとっつき難く、勇気が恐怖する対象にしたかった。それを印象づけるために〝手鼻をかむ〟という動作を伊藤さんにお願いしたところ、相当練習を積んでもらえたようで、かなり上手くいった。ほかにも、突っ走ってトラックに飛び乗ったり、軽トラを猛スピードで運転してもらったりと、今まであまり見せたことのない魅力がたっぷり出せた。

直紀は原作とはかなり設定を変えているため、登場早々勇気との関係が最悪になるように、憎たらしく演じてもらった。髪型、ファッション、喋り言葉とどれをとっても長澤まさみ史上最もイケてないヒロインにしたかった。しかし物語が進むに従って、そんな彼女を観客皆が応援したくなるようにした。

神去村を再現するために、苦労してつくりこんだシーンもある。劇中、ヨキの家の前に立派な田んぼが広がっているのだが、実は撮影前は只の原っぱだった。それをスタッフが一から耕し、水を引き、苗を植えて本物の田んぼに変身させたのだ。撮影後、できたお米は東京の編集スタジオに送ってもらい、毎日の僕らの食事となった。

クライマックスの祭りのシーンでは、撮影に1週間を費やした。とんでもない奇祭でありつつも、「もしかしたら日本のどこかで本当に行われているのでは？」というリアリティのために、実寸大の巨木（千年ヒノキという設定）と木馬道を使って撮影。エキストラで集まってくれたふんどし姿の男たちはのべ1600人。人生初のエキストラ、しかも人生初のふんどしという人が多かったが、三重県内外から大勢集まってくれた。「種取り」「巨木の伐倒」「祭り」など、どれをとっても工夫と苦労が山盛りだったが、そのかいあって見たことのない映像になった。

そして気づかないかもしれないが、撮影には山の緑をきれいに撮るための隠し技も使っている。グリーンの美しさがより気持ち良く感じられるよう、都会のシーンはデジタルカメラで、村にやってきてからはフィルムで撮影した。観客はいつの間にか、都会よりも森と村の景色に美しさを感じるのではないだろうか。

三重県美杉村（現在は美杉町）

美杉村での撮影は去年の6～7月にかけての2ヶ月弱だった。雨の多い三重県で、しかも梅雨の時期に撮影するなど無謀ともいえるスケジュールだったが、決まったものは仕方が無い。案の定、クランクインしてからずーっと雨だった。少しでも雨が止んだらカメラを回し、また降り出したら撤収、の繰り返し。スケジュールは大分伸びたが、撮影後半は天気も持ちなおし、なんとかクランクアップできた。

また、住民の方には何度となくお世話になった。一番助けていただいたのは市役所の田中稔さん。シナハン（シナリオ執筆のための取材）の頃からサポートしてもらい、セリフの方言翻訳や撮影現場のダンドリまで、あらゆる場面で力を貸してもらった。この人なしでは映画は実現しなかったと思う。そして、撮影のために何本もの巨木を伐らせてもらった様々な林家・山持ちさん。10ヶ月にも及んで、取材も沢山させていただいた。

美杉村をメインのロケ地として撮影できたことは、大きな収穫だった。原作のモデルでもあり撮影の中心地となった美杉は、どこをとっても山、森、畑、田んぼ、緑が画面を埋め尽くす最高のロケーション。

勇気と直紀が滝のそばでお弁当を食べるシーンを撮っていたときのこと。シナリオに「すぐそばに生えている木いちごを取って食べる」という描写があり、その日、事前にスタッフが数本の木いちごの枝を用意してくれていたが、いつの間にか葉っぱが枯れてグッタリしてしまっている。どうしよう…と困っていると、実際にすぐそばに本当に木いちごが沢山茂っていて、無事撮影することができた。なんてラッキー！　というか、本物の豊かな自然のなかで撮影していると実感した瞬間だった。

また、滞在中は本当に鹿をよく見かけた。はじめは珍しくて車の前を横切る鹿を数えたものだったが、次第に数えきれなくなって諦めた。そのくらい鹿が多い。もしかしたら人口より鹿の方が多いかも……と思ったほど。ホテルの近所にあるいつも行っていた定食屋でも、鹿料理がメイン。鹿さし、鹿フライ、鹿焼肉。どれもとてもおいしかった。そんな美杉では鹿の被害が甚大だと聞いて、早速シナリオに取り入れたりもした。

とはいえ、スタッフ・キャストが宿泊していたホテルからは、一番近いコンビニまで車で20分かかるし、携帯はしばしば圏外。勇気が体験したそのまんま、スタッフもそんな状況に置かれた。時々、知り合いの監督やスタッフが顔を見せて、差し入れを持って来てくれる〝陣中見舞い〟なる映画撮影現場の慣習があるのだが、この矢口組に辿り着ける強者はほとんどいなかった……。

キビシクも奥深い山でのロケ生活

もともと僕は神奈川県の片田舎で生まれ育ち、カナブンやオケラやザリガニを捕まえて遊ぶ子どもだった。なので、撮影で入ったじめじめした森や、虫だらけの山というものに抵抗はなかった。とはいえ、近所の山に生えている木が自然林なのか、人工林なのか意識したこともなかった。

今では木を見る視点が以前と変わったように思う。杉とヒノキを、葉っぱを見ず、幹だけで判別できるようになったし、手入れの行き届いた山とそうでない山もわかるようになった。

しかし撮影前のロケハンでマダニに股間をやられ、1週間ほど体から取れなかったのには参った。病院へ行くと、感染症にかかれば死亡すると言われて本当に怖かった。治療はすぐに済んで、今は完治した。

たとえば自分が主人公の勇気と同じ状況になったとして、林業家になっているかと考えると、うーん…。複雑な気持ちだ。勇気は村に来てから3回は脱走を試みているし、その都度失敗に終わり、そうこうしているうちに村の人々と交流があり、魅力的な直紀（長澤まさみ）との出逢いがあり……とモチベーションを保ち続ける要素があったからいいものの。あんなに可愛い女の人と山で出会えるとは限らないし。

撮影中は、撮影が終わったら主人公の勇気のように「村から出て行きたくない、都会を捨ててもう一度村に戻りたい」と思うのだろうか？　なんて想像を巡らせもしたが、クランクアップしていざ美杉村を去るというときになってみると内心「ホッ」とする自分がいた。やはり僕は勇気ではなく、映画のなかに出てくるスローライフ研究会のメンバーだったたな、と痛感した。

それにしても神去村は美人が多すぎる。あんな村なら誰だって一度は行ってみたいはずだ。

林業で見つけた〝はたらく〟ことの原点

事前の取材では、勇気のように林業に飛び込む若者は、研修中に辞めてしまうことが多いとは聞いていた。てっきり、チェーンソーの危険さや目もくらむほどの高所作業に怖気づいて辞めるのかと思っていたら、そうではなかった。その理由が、〝夏の下草刈り〟の辛さだと聞いて驚いた。日影のまったくない皆伐

（山の木を全て伐り出すこと）後の斜面での作業は常に直射日光にさらされる。そのうえ怪我や虫さされ防止のため炎天下でも長袖・長ズボン。１日に４ℓの水を飲み干すほど汗をかく作業が何日も続く……高所やチェーンソーは場数を踏めば慣れるけど、下草刈りはベテランでも辛い。これはとても意外だったが、映画にするとあまりに地味なシーンになってしまうので、残念ながら下草刈りの場面は登場しない。

仕事をするということは、「自分の最も気持ちのいいテリトリーで、ノンストレスで生きて行く」こととは真逆の体験だ。林業の現場などはその最たるものかもしれない。しかし、心的ストレスや体力の限界、面倒臭い人間関係の先にあるものに触れたとき、そしてその成果や達成感を感じたとき、人は成長するのだと思う。「働かなければのたれ死にしてしまう」ほどギリギリの状況になることは、現代日本ではそうそうないだろう。だからどうしても「今の自分に向いている仕事」を探してしまう。それは仕方のないことだと思う。勇気だって、さっさと尻尾を巻いて帰ってしまえば林業なんかしないで済んだはずだ。でもそれではいつまで経っても自立できない〝大人子ども〟だ。

この物語で、チャランポランな勇気が唯一主人公らしいことをしたとすれば、「自分でその仕事を続けることを決心した」くらいのことだが、それだけでも充分〝自立〟できた証拠なんじゃないかと思う。

撮影のため、多くの林業家の方々にお会いし、その仕事場を見せてもらった。

印象深かったのは、皆さんの笑顔だ。「農業とは違って、その成果をすぐに見ることはできないけど、未来をつくっていると感じる」取材で聞いた、そんな言葉が記憶に残っている。

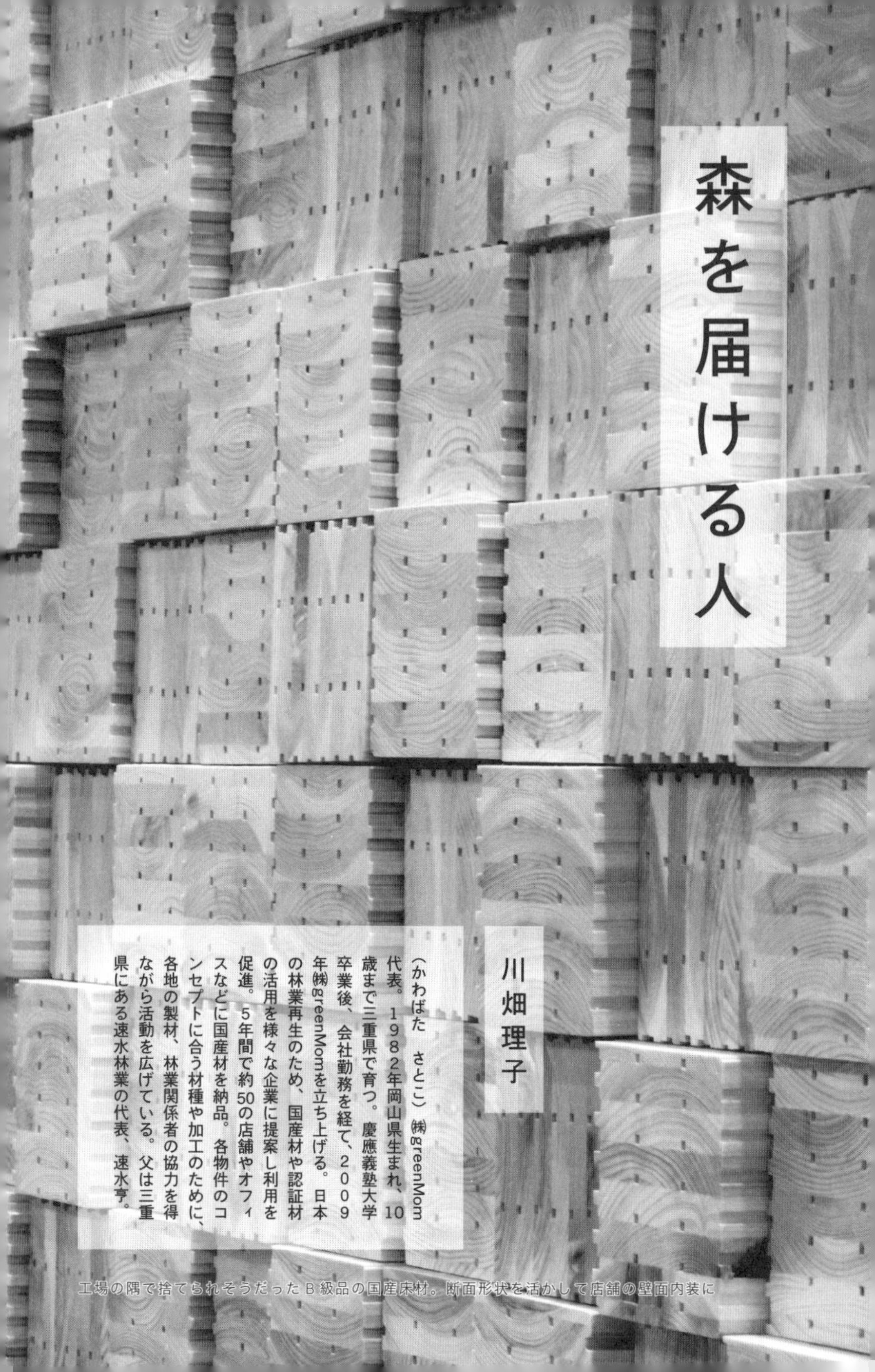

森を届ける人

川畑理子

（かわばた　さとこ）㈱greenMom代表。1982年岡山県生まれ、10歳まで三重県で育つ。慶應義塾大学卒業後、会社勤務を経て、2009年㈱greenMomを立ち上げる。日本の林業再生のため、国産材や認証材の活用を様々な企業に提案し利用を促進。5年間で約50の店舗やオフィスなどに国産材を納品。各物件のコンセプトに合う材種や加工のために、各地の製材、林業関係者の協力を得ながら活動を広げている。父は三重県にある速水林業の代表、速水亨。

工場の隅で捨てられそうだったB級品の国産床材。断面形状を活かして店舗の壁面内装に

「起業したら？」父が一言、私に言った。

娘を出産した2ヶ月後、父の誕生日の食事会で、私が「子育てをしながら家で仕事をする方法を模索している」と話した２００９年5月のことだ。

その足でホームページを作成するソフトを買いに家電量販店に向かった。それが全ての始まりだった。

その結果私は今、5年前からはまったく想像もつかない状況に身を置いていて、不安やプレッシャーを感じながらも、充実した日々を送っている。

思い立ったら即行動

２００９年に起業して、現在5年目も半ばを迎える。国産材・ＦＳＣ森林認証材（経済的にも継続可能な管理がされている森から伐り出された材として、国際的に品質を保証された材。以下、認証材）の普及のため、おもちゃ販売に始まり、店舗の内装などに使用してもらう活動、「ＬＥＡＦ森の学校」でのインストラクターなど、ようやく自分のやるべきことが見えてきた。

話を戻すと、起業を決めてからは、まず2ヶ月をかけて事業内容を考えた。私の起業は、誰でもできると断言したくなるほどの素人の思いつきが始まりで、大したスキルも知識もなく、「マッサージサロンを開くのはどう？」と夫に相談してあっさり流された程度だ。ただひとつ言えるのは次のことだ。私は大学時代、教育学部で幼児教育を研究していたほどの子ども好きで、わが子の存在がとてつもなく愛おしかった。そのため、なるべく多くの時間を子どもと過ごせる仕事がしたい、その仕事が娘に説明できて一緒に楽しめると尚良い、という気持ちが人一倍強かった。

実家が林業を営んでいるため、幼少期から森をはじめとした自然に接し、木の素晴らしさや良さは身体にしみわたっていた。東京暮らしでも、なるべく自然に触れられる環境で娘を育てたいと思い、街を歩けば草木に触れさせ、木のおもちゃなども積極的に与えていた。そうして娘のおもちゃを探しているうちに、同じ木のおもちゃでも価格、質、木の種類などが本当に多様であることに気づいた。それならば、娘にふるさとの森のヒノキを使ったおもちゃを使わせたいと、国産材や認証材でつくったおもちゃを販売する仕事をしようと決めたのだった。

それからは、6ヶ月の娘を抱いて役所に通い詰め、起業に関する本を読みあさり、4ヶ月後にはホームページを完成させた。学生時代からすでに起業していた友人で、アプリの企画・開発をしている㈱エクストーン代表、桂くんの元に通い詰めて色々と教えてもらい、夫と共に近所の公園の芝生で商品の写真撮影をした。

■こんなチャンスは二度とない！

2009年10月、ついに㈱greenMomを設立。会社名は、森、山、環境、のイメージが緑だったことと私が母親になったことをかけて「グリーンマム」。

ところが、インターネット販売を始めた当初はまったく商品が売れず（笑）、自分たちで買ったり、友人たちが出産祝いなどで利用してくれることでなんとか保っていた。大丈夫かな……と不安を抱きながらも地道に続け、周囲に助けられながら、展示会に出展する機会も持てるようになった。

そうしているうちに半年が経ち、２０１０年、Soup Stock Tokyo を展開する㈱スマイルズとの出会いが訪れた。この出会い話に欠かせない人物が、㈱市瀬の市瀬泰一郎社長だ。ＦＳＣ認証紙をいち早く取り入れ、世に送り出した紙屋さんである。２００８年、私が結婚式で使用する紙類を、㈱市瀬に依頼したのが出会いだった。そのご縁で起業から半年後、Soup Stock Tokyo のリーフレットにＦＳＣ認証紙を提案する市瀬さんに同行させていただき、㈱スマイルズを紹介してもらう運びとなったのだった。

■期待に応えたい気持ちが奇跡を起こす

あの日、いつも打ち合わせなどには娘を寝かせた状態で一緒に連れて行っていたが、その日に限って起きてしまい、ご機嫌に㈱スマイルズのオフィスをつかまり立ちでうろうろしていた。そんな娘に冷や冷やしながらも、グリーンマムで取り扱っている商品を店頭に置いてもらいたいという提案をした。すると「商品は置けないけれど、その代わり内装材を提供してもらえないか?」という返事。……内装材？まったく予想外の依頼に動揺しつつも、未経験の私に任せてくれるなんてこんなチャンスは二度とない！

「やったことはありませんが、やらせてもらえますか?」と即答してしまっていた。

戦いが始まった。なにしろ内装材の流通に関して知識も人脈もない私、まずは父の手を借りるしかない。

１ヶ月後に、㈱スマイルズの遠山正道社長や担当者らに速水林業を案内。実際山に入ってもらうことで国産材を使うその意義を肌で感じてもらいたい、そう思ったからだ。父の速水亨《とおる》は㈱スマイルズが手掛けているネクタイブランドgiraffeの派手なネクタイをして出迎えた。手前味噌で申し訳ないが、速水林業の森は本当に美しく、年間1000〜1500人の見学者が訪れる。手入れをしてくれた人の心を感じる森だと思っている。このような美しい森の材があるのに外材が多く使用され日本の林業が衰退していること、国産材や認証材の使用で日本の森が豊かになることなど、社長や担当者の方も、目で見て、肌で感じてくれたと思っている。地元の材木屋さんや森林組合も合わせて見学してもらったことで、森や木に関わる人々を身近に感じてもらえたようだ。いつも感じるのは、やはり、百聞は一見にしかず。これにつきる。その甲斐あってなんとか話が進み、3ヶ月後の8月、Soup Stock Tokyo ルミネ横浜店がオープン。床材や椅子、テーブルの天板、壁板など、店内のあらゆる内装に速水林業のFSC森林認証を受けたヒノキを使ってもらった。起業から10ヶ月目のことだった。

その後も㈱スマイルズとのお付き合いは続き、4年間で約20店舗で内装材や小物などほぼ全てに国産材を使ってもらった。

なかでもecute 上野店は、JR駅構内だったため、㈱JR東日本所有の鉄道林（強風や土砂崩れ、雪崩を防ぐために鉄道沿線につくられた森林のこと）を使うことを提案した。消費者が利用する店舗の内装材に、社有林を有効利用する例をつくりたかったのだ。というのも、近年、大手企業や学校が社有林や学校林を持ち、森林保有のCSR的な価値が広がっているが、その事実を消費者に適切に伝えられている事例は極めて少ないことを、常々課題に感じていたからだ。

1.〈Soup Stock Tokyo ルクア大阪店〉の店舗内装／2. 筆者／3. 店を訪れたお客さんにも国産材のことを知ってほしいと、木の履歴などを伝えるボードを店内に掛けることを提案した／4. 速水林業の森で代々支配人を務める川端康樹と会話する筆者。クライアントやデザイナーにも現場へ足を運んでもらった

1

2

3

4

粘り強く交渉した結果、山形県の真室川にある鉄道林の杉を使用させてもらえることになった。超零細企業から提案するには太刀打ちできないような大手企業相手でも、想いがあればなんとかなるということを学んだ一件になった。

▍常識にとらわれないアイデアで勝負

国産材を内装材として利用するにあたって、私が感じた問題点は二つある。ひとつは国産材の注文のしにくさだ。「まずどこに問い合わせればいいのか?」注文先がわからないのだ。一方外材は安くてサイズも豊富でカタログからすぐ注文できる。もうひとつは需要（デザイナー）側と供給（材木業界）側の、材料の良し悪しに対する意識の違い。国産材は、非常に安価な外材には価格的に負けてしまうと思われがちだが、価格を抑えられるB級材やアリクイ材、節有材、端材なども含めて提案してみた。すると、意外にも好評なことが多かったのだ。

関西地方初出展となったルクア大阪店は、B級品のヒノキの床板を重ねてタイル状にしたものを壁に埋め込んだ。このアイデアは、㈱スマイルズの担当者の方とデザイン会社の方が、製材所や材木屋の見学に来られた際、現場に積み重なるフローリング材の断面を見て思いついたものだった。デザイナーにとって材木業界から見た〝欠点〟は、アイデア次第で「味」や「個性」になるおもしろみがあり、実際に、塗装や組み合わせの工夫で素敵な空間の内装材に生まれ変わった。

とはいえ、実現までは苦労が絶えなかった。思いつきやイメージを商品にまで持っていくためには、製作する職人さんとデザイナーが同じイメージを持つことが大切だ。「都会と地方の感覚の違い」を摺り合わせて行くことが私の仕事だった。ひとつサンプルをつくっては、ああでもないこうでもないと繰り返されるデザイン変更に、何度もつくり直してもらう。職人さんには普段のルーティンワークの何倍も骨の折れる作業だから、モチベーションをキープしてもらうために、伝え方ひとつにしても、いつも気を遣った。そして常に、予算内でできるベストな提案をするように心がけている。この件では、材料を組み合わせた際に出るバリ取り（ささくれのようなものを取り除くこと）作業を、初めて障害者施設に依頼した。彼らの力を借りて、あっと驚くような壁ができあがった。この店舗の内装は２０１２年「第15回木材活用コンクール」で木材活用特別賞を受賞した。こうして㈱スマイルズにはお世話になり続け、できないと思われることのほとんどは熱意さえあれば実現できる、ということを学んだ。

■もっと国産材を広めたい

内装材の仕事もなんとか軌道に乗りだした２０１３年には、ドコモショップの内装に、被災地・南三陸町の杉材を使用。兼ねてから仕事を通して東北支援になることをと思っていたことが実現した。一方おもちゃ製作では、２０１１年秋に㈱幻冬舎エデュケーションから「どうぶつしょうぎ　特選」を発売した。約2年で1万個以上の販売数となり、知名度のある会社の力を借りることで国産材利用促進に追い風が吹くと感じている。また２０１２年に、ヒノキオイル「ANIMI」が完成。三重県に住む母も製造に加わり、一時は地元のお年寄りに作業を依頼、89歳の祖母も葉っぱむしりを担当した。速水林業の森から直接消費者に届けられる贈り物だ。

　また、ＦＥＥ国際環境教育基金のＬＥＡＦインストラクターとして、全国の幼稚園、学校、社内研修などに出向いて授業をするようになった。私も10歳までは三重県の速水林業の山林で遊んで育っていた経験から、子どもたちが森林を身近に感じることが、未来の森を守ることにつながる活動だと思っている。

■都会と森をつなぐために

　この５年間は振り返る暇もなく、いつもドキドキ、ワクワク、時にソワソワしながら走り続けてきた。木材に関して無知だった私も随分知識が増えたように思う。今は、地方の木材取り扱い業者の方々と都会の需要をつなぐ仕事に大きな魅力とやりがいを感じている。今後は少しずつではあるが、集合住宅などでも多くの国産材が使用されるように、仕事の幅を広げていきたい。そして森に還元できるビジネスモデルを確立することが目標である。

　手掛けた色々な物件の現場に連れて行き、時には現場の大工さんたちに遊んでもらったりする5歳の娘。大きくなったらなにがしたいの？　という質問に「パパと結婚してママみたいな木のおしごとがしたいの」と言われた時には思わず「おはなやさんでもケーキやさんでもいいよ？」と言ってしまったが、本当は心から嬉しくて、涙が出た。もちろんうまくいくことばかりではないけれど、今、この仕事によってたくさんの試練とともに、試練以上の幸せを与えてもらっていることを改めて感じた瞬間だった。遠い未来を見ながら、地道だけれど希望があるこの仕事、頑張れる限り走り続けたい。

森で癒す人

小野なぎさ

（おの　なぎさ）一般社団法人 森と未来代表理事、産業カウンセラー、森林セラピスト。１９８３年東京生まれ。２００６年東京農業大学地域環境科学部森林総合科学科卒業。同年、社会人向け大手教育会社へ入社。２００７年企業のメンタルヘルス対策を支援する㈱ライフバランスマネジメントに転職をし、認定産業カウンセラーの資格を取得。その後心療内科での勤務を経て、保健農園ホテルフフ山梨のプロジェクトディレクターとしてホテルの立ち上げに関わる。２０１６年10月に（一社）森と未来を設立、全国の地域と連携をし活動を展開している。

ヒアリングから、参加者のその日のこころとからだにあった森林セラピーロードを歩く新緑が鮮やかな季節、私は1人の女性と山梨にある針葉樹の森へ入った。パキパキと落ちた枝の踏み心地を楽しみながら歩いていくと、4、5人ほどが寝そべることのできるヒノキの伐採後の空き地があり、そこに敷物を敷き、靴を脱ぎ、足を伸ばして横になった。呼吸に意識を集中させ、ただ森を感じる時間を楽しんでいると、凛とした空気と、遠くで囀る鳥の声、木の隙間からは青空にゆっくりと動く雲が見えた。

五感で森を感じる休日

森で人の心と触れあう仕事をしている。森へ入るとリフレッシュする！　誰もが一度はそんな経験をしたことがあるのではないだろうか。私は今、山梨県山梨市にある「保健農園ホテルフフ山梨」という場所で、訪れる方を森へ案内する仕事をしている。案内といっても木々の紹介をする森林ガイドのお仕事とは少し違う。森という環境を活用し、こころとからだが健康になり、いきいきと元気に生きていくためのきっかけづくりをするのが、私の仕事だ。

「私はこんなにちっぽけだったことに、なんで気がつかなかったんだろう……」彼女はそう言うと、静かに涙を流していた。私が案内する森の時間は、森に入り、五感を解放することで、自分のこころとからだの状態に気づくきっかけをつくる役目をもつ。このとき案内した彼女は、外資系企業で働くキャリアウーマン。責任のある立場で仕事をこなし、育児も手を抜くことなく、毎日朝から晩まで頑張って順調にキャリアを歩み続けていた。見た目はとてもイキイキと輝いていて、決してなにかに困っているようには見えなかった。訪れた目的を聞くと、「毎日仕事と育児ばかりなので、やっと休みが取れたからリフレッシユしたいと思ってきた」とのことだった。この日は、広葉樹の森を歩いたあと、私は彼女を手付かずの静かな針葉樹の森へ連れていった。森に携わる人が見ればそこはただの暗く荒れた森にしか見えない場所。だが、彼女は入った瞬間「すごくいい香りがする！」「この森はとても涼しくて、なんだかシャキッとして気持ちがいいわ」と自らの五感で森を感じ、気持ちの変化に気がついていた。「いつも子どもにイライラしてしまって、かわいそうなことをしてたな……」苦しかった自分にようやく気づいてあげられた涙だった。

森で人を癒すという私の仕事は、森の力を借りて、訪れた人がより健康になるためのお手伝いをする仕事。〝癒す〟という言葉は、時代と共に一人歩きをしているようにも見えるが、私は治療や宗教的な意味ではなく、今その人が抱えている窮屈な気持ちや緊張が少しでも緩み、楽になることだと捉えている。10人いれば10通りの人生があり、求める癒しもひとつとして同じものはない。森はその一人ひとりの感性に当てはまる気づきの要素をきちんと持ち備えている。

人の心と触れ合う森の時間づくり

「保健農園ホテルフフ山梨」で私は、立ち上げメンバーとして経営に携わりながら、森林セラピストとして活動をしている。

標高800mの場所にあるホテルからは、森に囲まれながらも富士山が一望でき、眼下には巨峰畑が広がる。20年前に山梨市が建てた建物を借りて、2013年4月にリニューアルオープンをした。自然のリズムに合わせて、こころとからだのバランスを整えることをコンセプトに、宿泊と合わせて森歩きや土に触れるプログラムを提供している。私はそこで森林セラピストとして森を活用したプログラムを行っている。

私の仕事はヒアリングから始まる。森を歩く前に、訪れた方との会話から、日常の生活習慣や、現在の体調、気分などを聞き出し彼らに負担がかからないようなコースを選ぶ。帰るときには、今より少しでもこころとからだが良い状態となるように。ここが森林ガイドとは大きく異なる部分だ。歩くコースは、森林セラピーロード（「森林セラピー」「森林セラピーロード」はＮＰＯ法人森林セラピーソサエティの登録商標で、全国53ヶ所の拠点がある）をベースに、お客さんの体調に合わせてコースを決める。いっぱい歩きすっきりしたいと希望する人でも、肉体的に疲労が溜まっている様子を見て、反対にゆっくりと森で過ごす時間を提案することもある。森というフィールドを使いながらも、人のこころとからだにフォーカスを当てるのが森林セラピストの特徴だ。

私がこの仕事のおもしろさを感じるのは、かたちとしては見えない相手の心に、なにか変化を感じることができたとき。森の力と自分の役割がきちんとつながり、相手に伝わったと実感できると、とても嬉しい気持ちになる。そして、訪れた人が来たときよりもいきいきとして帰っていく姿を見たとき、この仕事の必要性とやりがいを感じる。

フフ山梨でプログラムを始めるにあたっては、その土地に詳しい地元の森林ガイドの方に声を掛け協力してもらうことになった。ガイドの皆さんはベテランばかりで、私の倍以上の歳の方も多く、なにをどうお願いしたらよいのか、ましては東京から来たよそものが受け入れてもらえるのか、不安ばかりだった。だからまずは、自分がその土地や森のことを教えてもらうことから始めた。地元の会合に参加させてもらったり、地域の習慣、文化などいろいろなことを教わった。ホテルに隣接している森は、山梨市が管理をしていることもあり、市が声を掛けてくれた地元の方と一緒に、森の整備や、ゆっくりと過ごせる森の空間造りを考えた。団体にも来てもらいたいと企業への営業も行い、チームに分かれて同時に森歩きをする方法など、相談をする機会も増えていった。すると、逆にガイドの方々から、心の健康に関する勉強会の希望や、雨天時に行うプログラムのアイディアが集まりはじめた。お客さんに喜んでもらうことはもちろんだが、私はこうして地域の人に理解してもらい、受け入れてもらえたこのつながりが一番うれしかった。

通勤ラッシュで感じた疑問

私の父は全国の海を渡り、環境アセスメントの仕事で潜水士をしていた。週末自宅へ帰ってくると、森へ行きたいと、よく家族をキャンプへ連れて行ってくれた。そんな環境で育った私は、「森が好きだから」という理由で東京農業大学地域環境科学部森林総合科学科に進学した。

大学で林学を学んでいた頃、朝、家を出て駅に向かう途中に神社があった。住宅街を抜けた一角に、大きなケヤキや杉の木々が神社を覆っていて、突如として現れた〝小さな森〟という印象だった。毎朝眠い目をこすりながら、その森の中を自転車で抜けると、木々の隙間から優しい光が射し込み、すっと爽やかな風にのり、太陽と木々の混ざった森の香りがとても心地よかった。森を抜けると、よし！　今日も頑張るか！　と、明るく前向きな気持ちになれた。「森に入ると身体によい効果があるらしい」この頃大学で耳にしたそんな情報に、たしかに私もそうだな、と頷いていた。

駅につくと、そこからは都心へ向かう通勤ラッシュに揉まれて大学へ。清々しい気分は一転、電車の中のサラリーマンは朝だというのに疲れきった顔をしていて、隣の人の肩に触れるだけで舌打ちをし、イライラした様子がとても目についた。この人たちは、このまま森に行ったらもっと元気にはたらけるんじゃないか？　漠然とそんなことを思っていた。

その当時はまだ、森林が健康に及ぼす影響については大学でも専門的に研究されていなかったので、都内ではたらくサラリーマン１００名にアンケート調査を行うことで〝森の癒し〟についての卒業論文を書いた。結果から、森へ行きたいと思っている人ほど仕事が忙しくて森に行くことができていないという現状が分かり、これが後に私の進路を決めた。しかし、そうはいっても思いを活かせる職場は見つからず、新卒では大手教育会社へ就職した。気がつけば、通勤ラッシュでイライラしているサラリーマンに、自分も加わっていた。

そんなある日、企業のメンタルヘルス対策を支援している㈱ライフバランスマネジメントの渡部卓社長（現在はライフバランスマネジメント研究所代表）と出会う。これが人生の大きな転機となった。森に触れる機会がはたらく人の健康改善に役立つのではないか？　そんな思いが一致し、一緒にはたらかせてもらえることになった。メンタルヘルスの分野に無知だった私は、仕事をしながら学校へ通

1.〈保健農園ホテルフフ山梨〉から見渡す風景／2. カウンセリングも森で行う／3. 針葉樹の森の中で寝そべる／4. 新緑を歩く

1

2

3

4

い、産業カウンセラーの資格を取得した。

■森との出会い、人との出会い

早速、森を活用したメンタルヘルス研修のプログラムをつくり、企業へ提案、実践の機会を得ることができた。反応は良かったが、森というフィールドを使うことの難しさを痛感したのもこのときだった。今でも記憶に残るのは、長野県信濃町の皆さんと一緒に、企業向けの研修を企画したときのこと。前日入りした研修当日の朝、目覚めると外は30㎝ほどの雪が積もっていた。紅葉真っ盛りの時期にこれほど雪が降るとはさすがに誰も予測ができず、その日の研修は、大幅に遅れる電車と想定外の雪道に、予定していた行程表がまったく意味をなさなかった。

そんな状況でも、雪に慣れている地域の方々の全面的なサポートにより、人数分の長靴と厚手の上着が集まり、なんとか雪の森を歩けることになった。スケジュール通りにはいかなかったものの、参加者からは、雪の森歩きがとても気持ち良く、貴重な経験ができたと評価していただき、無事に研修を終えることができた。そのとき、自然をフィールドにするこの仕事の難しさとともに、そこに暮らす地域の人たちの協力なくしては、私の仕事は成立しえないと実感した。森林セラピーといっても、森を歩くだけでなく、そこまでの道のりやそこで出会う人、会話など、そこで感じた全てが癒しにつながるのだ。森の活動を通じて、人と人との信頼関係も訪れた人に大きく影響することを、実践を通じて学ばせてもらう貴重な経験となった。

その後、私は一度組織から離れ、カウンセラーとして都内の心療内科で勤めながら、全国の森に取り組みを広げるため講演活動や人材育成のお手伝いをさせていただいた。そして２０１２年から、今日のフフ山梨というフィールドでの挑戦を始めている。

■これからの森と人との向き合い方

人が求める健康の姿は、その人の置かれた状況や環境によりひとつとして同じ答えがない。森には多様性があり、ひとつの森でも一瞬たりとも止まることなく変化をし続けている。私たち人間も、同じ自然界の生き物であるからこそ、森から学べることがまだまだたくさんある。

私は、人がもっと気軽に、森に足を運ぶことができる機会を増やしていきたい。忙しない時代に、森に触れることで自然のもつ時間の流れを思い出し、少しでも穏やかな気持ちで過ごせることが、今の日本人に必要な健康の姿なのではないかと思う。日本には素晴らしい森がたくさんあり、その森を支える地域にもそれぞれの暮らしと生業がある。私にできることは、限られた場所での小さな取り組みではあるが、訪れる一人ひとりのこころと丁寧に向き合い、いきいきと元気に明日へ向かう人を、１人でも多く送り出していきたいと思う。

森で建てる人

六車誠二

（むぐるま　せいじ）六車誠二建築設計事務所代表。１９６８年香川県生まれ。１９９２年京都工芸繊維大学住環境学科卒業。同年、日建設計（東京）に入社、１９９５年まで勤務。藤岡建築研究室（奈良）にて４年の修行（勤務）。２０００年六車誠二建築設計事務所設立、六車工務店との協働をはじめる。２００４年石場建てによる〈石縁のある家〉を発表。２００９年若杉活用軸組構法による〈仁尾の家〉を発表。２０１１年若杉活用軸組構法による、混構造〈RCSW×ATRIUM〉を発表。山とともにある建築を探求する日々。

梁の仕口。長柄（ナガホゾ）＋込み栓（コミセン）で木を組む。納まれば見えなくなる部分の仕事

「杉」で家をつくる。それは手間を掛けたら掛けただけ、杉が応えてくれる素朴で正直な仕事だ。私たちは、四国・香川を拠点とし、木で建築をつくるちいさなチームである。父であり親方の六車《むぐるま》昭《あきら》と弟、俊介《としゆき》、キャリア15年になる山下大工を筆頭に若い大工数名、設計は私を中心にスタッフ数名の、設計事務所付き家内工業的な工務店である。

■100年前の大工との対話

年末、私たち六車工務店のもとに、思いがけない話が舞い込んできた。飛騨高山の名建築「吉島家住宅」の年末大掃除に、今年お世話になった木工家の口ききで参加できることになったのだ。「吉島家住宅」が私たちにとって、いかに特別な建築か……。一言ではとても言えないが、なにか原点のような、聖地のような、自分たちの仕事にゆるぎのない確かさを教えてくれる大事な大事な建築である。「掃除」という恰好のお役目をもらい、名建築の隅々までをこの目で見て触って確かめられる機会。親方から新人まで青春18きっぷ片手に、嬉々として寒さ厳しい飛騨高山へ向かった。

天空から光の降り注ぐ土間。拭き漆仕上の見事な梁組にのぼり、クマ笹の特製箒ですすを払い雑巾で磨きあげると、木目が美しく輝きはじめる。拭いていくと梁の上端まですべらかにカンナが掛けてあることがわかった。梁には背割《せわり》が挽き通してあって、仕口の両側にはカスガイ。また背割を開かせるためクサビを打ち込んだ跡もみられた。やっぱりそうだったんだ。およそ100年前の大工たちの、心の入ったすみずみまで丁寧な仕事。自分たちの仕事と同じ答えを発見しては、100年前の大工と共感しあったような、これでいいんだと思えた瞬間でもあった。吉島家住宅は本当に美しい場所で、静けさと温かさに満ち、心も身体も軽くなった。弟子たちも皆普段見せないような良い顔をしている。7代目当主の休兵衛さんも「この建築には人格があってね……どうも家が喜んでいる気がするよ」と言ってくれた。建築と私たちと、気持ちが通い合っていたのだと思う。大工の神様にとびきりのご褒美をもらったような年末だった。

■杉の仕事

杉という素材は奥が深い。親方はよく言う。「一番安いのも杉なら高いのも杉だ」下地にしか使えないような材料から数寄屋の極上の材料まで、杉には様々な巾がある。工務店の木材置場の奥の方にある、親方が若い頃から少しずつ買い集めてきた天然杉や高齢の杉の厚板。いかにも油分を多く含んだこっくりとした色艶、堅い質感。節（枝）だけでも軽く百年は超えていたりするから節の表情もまた味わい深い。高齢材は乾いて使えるまでに何十年もかかる場合もあり、扱いも難しく、今は市場に出る機会も希少となった。けれども、家の中のここぞという大事な場所に用いれば、日々与えられる豊かさは何物にも代えがたい。森の育んだ恩恵のひとつである。

だがこれら長老格の杉とは対極に、私たちの杉の仕事は、一言でいうと「普通」である。かつ「難しい」。普通、というのは、今この国で一番山にある木ということであるし、「特一等」という等級の、いわゆる一番普通の並材を使っているということでもある。難しい、というのは、とにかく杉は柔らかい。人の肌に近い柔らかさ。施工中は材料に傷がつかないよう、常に細心の気遣いと工夫を払う。木を適材適所に用いる「木取り」は、1本1本の木を読む特にシビアな精度の判断が必要で、親方は「杉」ができたら（杉が扱えるようになったら）他の木は絶対にできる、とよく言っている。決して高くない一般材を、直角二面カンナ、超カンナ仕上げなどの手間を掛け、普通の材料を、いかに丁寧に工夫して良くしていくかが、杉の仕事のおもしろさなのだと思う。施工に手間が伴う甲斐もあって、杉は人の暮らしにすごくいい。皆、杉を好きになる。毎日触っていて、眺めていて飽きないのが杉だ。ヒノキや松のようなツンとした匂いと違って、ふんわりと柔らかい匂い。手触りも優しく、床にしたとき、脚に負担がかからないあたりの柔らかさと温かさがある。すがすがしい気配、音や声の響きが柔らかく、リラックスできて眠りが深くなったという報告も聞く。杉は、好み以前に生物としての五感にはたらきかけ、細胞レベルで人を素《す》に戻していく力があるのではないかと感じている。

山とシンクロする建築

私たちの仕事の特徴は、日本古来の伝統軸組の技術を基本に据えているということがまずあげられる。「自然乾燥」の国産の杉材を「あらわし」で用い、金物に頼らない職人の「手刻み」による木組みで家の骨格をつくる（昨今は木造といっても柱や梁をビニールクロスなどの仕上げ材で覆い隠してしまっているものの方が多いかもしれない……）。

香川県は林産地ではないからいろいろな産地の杉を使う。徳島の杉、高知の杉、奈良・吉野の杉、三重の杉、九州の杉。懇意にしている市場や材木屋に世話になることも多いが、お客さんと一緒に産地に赴い

1

2

3

4

たりもする。山の人も住まい手の顔を見て木を出すのは嬉しそうだ。木の建築は、山に木が植えられたところからスタートしている。木材は、長い歳月をかけてようやく私たちのもとへとやってくる。年輪の表情は、どんな風に育ったのかが記された木の履歴書だ。1本1本の木を読み、その木を最大限に活かしてやろうとするのが大工たちの本能である。

私たちは10年ほど前から、「若杉活用軸組構法」を考案し、取り組んでいる。今、山からおりてくる材のほとんどは戦後造林の材に移行してきている。戦前の林業施業に比べ植林時の密度が圧倒的に少なく、太陽をたっぷり浴びすくすく成長した結果、芯の年輪が粗いのがこの「普通」の若杉の特徴である。伝統的木組みにおいての仕口は材の中心部分のねばりに負うところが多いため、柱のホゾや梁巾を太くし、全ての構造材を5寸角など正方形断面の木材で組み上げ強度をカバーする構法である。若杉の平均的丸太からとれる4〜6寸角の正角に材を挽き背割（大事な材を割らないための自然乾燥技術のひとつ）を挽き通すことで安定したストックも可能だ。この構法は、人工乾燥＋プレカットが主流となっている今、自然乾燥材で木を活かした建築を続けていくための、有効なひとつの姿勢だと考えている。

杉までの道のり

設計者という道を選んだのは、父とは違う道であることを意識してだったと思う。建築学生の頃はバブルで、その後、現代建築の先端を行くような東京の組織事務所にて最初の建築修業をし

1. 通りに面した土間。中庭を囲むようにつくられた平屋の住宅〈ひめや〉内観／2. こんぴら旧街道に面する〈ひめや〉外観／3.〈ひめや〉建前。カケヤの音が響くハレの場。金物に頼らない木組み／4. 高山・吉島家住宅の年末大掃除に参加した六車工務店の面々。7代目当主吉島休兵衛氏（前列左から3番目）を囲んで。前列左端が筆者

た。鉄・ガラス・コンクリートにがっぷり向き合い、熱・水・風・揺れ・時間……に対して現代建築の素材がどのようにふるまい、どんな現象が起こりうるのかを原理原則的に考えるよう鍛えられた（が、「木」をはじめとする自然素材に関してはついぞ選択肢にのぼることはなかった。1本1本違う生物素材に向き合うことは、現代の効率的経済、リスク管理とは、基本的に相容れないものなのかもしれない）。非常に恵まれた環境ではあったが、なにかが違うと感じていた。初めて担当した小さな交番が完成し、3年を濃密に疾走した満足感とともに退社、インドへ3ヶ月のひとり旅に出掛けた。人工物に囲まれての東京を離れ、インドの自然、建築に浸ったとき、同じ人の多さでも東京とは違う妙な安心感に包まれた。うまく言えないが「自然（風土）との脈絡のなかで建築をしたい」と強く思った。民家は、必ずその土地でとれる素材を主とし、大地とシンクロするようにつくられている。なぜ、日本人でありながら私は木の建築を知らないのか、つくろうとしないのか。

旅から帰るとすぐに、奈良で古民家の再生を手掛けている設計事務所の門を叩いた。木を学び、左官を学び、和紙や畳、自然素材について学んでは試した。古い民家の実測調査も度々経験した。古の工人たちの判断には、ひとつひとつ理に適った理由が存在した。大切に手入れしながら住み継いできた家人からは「住まう」という文化を教えられた。正しくつくられ正しく使われた家だけが、長い歳月を超えることができるのだと思った。

伝統をあたらしくつなげる構法

30歳を過ぎ、親方からそろそろ香川に帰って一緒にやらないか、と声がかかったとき、実は「香川に帰ったら、やっぱり〝杉〟をやらなきゃダメだろうか?」と、正直覚悟もないような心情だった。杉に対して本気になったのは、六車工務店と格闘しながらつくった建築に確かなリアルさを感じたからだ。

伝統軸組の知恵をベースにした「民家型構法」。「近くの山の木で家をつくろう」と、各地で国産材の建築に取り組む機運があった80年代、香川においては大工・六車昭と建築家・戸塚元雄氏が出合い、協働し、独自の深化があった。設計者の机上の理論と大工の現場の論理とが対等に関わり化学反応を起こした20年間。煩雑だった伝統軸組建築の部材の寸法を整理し、規格材のなかに必然性を見出し、軸組み、床、壁、屋根、開口部、設備、造付け家具などの建築の要素が、整理・分節されたディテールで構成されている。手作業と機械作業が合理的に調和し、現場作業を最小限とし、経済性を有している。つまり、脈々と続いてきた「日本の木の文化」を、特別な文化財だけでなく普通の人の住文化に活かすためのひとつの答えだと私は思っている。

帰郷した当初はこの民家型構法の土俵にすっかり納まる気もなく、いろいろと手前勝手なことを提案した。だが、全てが理に適った構法のまえでは、設計者のちょっとした美学などは通用するはずもなく哀れに却下されていった。逆に、六車工務店のものづくりをつぶさに学び知ることで、数字ひとつひとつがリアルに意味を持ちはじめ、自然とのめり込んでいった。材料を無駄にしない理に適った数字を掴むと、カタチの自由さもわかってくる。また、このような木の家を建てようという施主は、生き方として、刹那的、表面的なもの以上のなにか大きなものを基本に据えていて、打ち合せを重ねながら、学ばせてもらうことが多い。土地の持つメッセージを読み解き、施主の潜在的な想いをカタチに近づけようとしていくとき、建築のあり方として素材や構法に確かな拠りどころがあることで、個のデザインを超えて普遍的なあたらしいカタチが生まれるような気がしている。

■つながっている建築

気がつけば私は、若い頃思い描いていた「建築家」像とは随分違う場所に来ている。けれど、今の日本で建築の素材の中心に「杉」を据えることは、多岐にわたり意味があり、必然であり、普通であり、おもしろく、取り組む価値を感じている。

木は、職人がいてはじめて活かされる。今、「修業」して職人になる生き方を選択する若者は、決して多くないかもしれない。けれど、過去からつながった長い道のりの一端に身を置くことは想像以上の豊かさを手にする可能性がある。年間に2〜3棟が精一杯の自分たちが山に対してできることは非常にわずかだ。けれど、その一棟一棟に命を吹き込みたい。いつもしあわせに思うことは、施主の想いと大工たちのひたむきな仕事とが、いつしか信頼と感謝によって結ばれていることだ。「木」が与えてくれる恩恵が、物事をそのように持っていってくれていると思えてならない。森が育んだ木、まっとうな職人の手によるまっとうな仕事、普通の、愛に満ちた建築を、ひとつひとつつくっていきたいと思う。

森を継ぐ人

合原万貴

(ごうばる　まき)マルマタ林業㈱勤務、同社4代目。1980年大分県生まれ。2004年九州工業大学工学部建設社会工学科卒業。同年、母の経営するマルマタ林業㈱に入社。1350haの山林を管理する一員として、現場管理と事務処理能力を向上すべく修行中。2児の母。2014年5月現在、第3子妊娠中。好きなことは、読書・地域づくり活動。

大分県由布市湯布院町にある、マルマタ林業が管理する山林結婚するときに私が「一緒に木こりをやってもらえる？」と聞くと夫は「大丈夫だと思う！」と言ってくれた。今思えばお互いに軽いノリだ。夫と出会ったのは、九州レイドシリーズというマウンテンバイクのイベント。共通の趣味を持つ私たちは、すぐに意気投合した。

今、私は大分県日田《ひた》市にある実家で山主3代目としてはたらいている。夫と2人、5歳と1歳の子どもを育てながら、祖父から受け継いだ九州各地の山々を飛び回り、日々山仕事をしている。「これから林業をやるなら現場で木を伐る人が会社に居ないと続かないわよ」母からそう言われ、そのとき付き合っていた夫を誘った。山で木を伐りはじめて現在5年目の夫は、半年前に念願の新型林業機械ハーベスタ（伐採を行う重機）を購入し、現場で木を伐っている。「まだまだ修行中」と本人は言うが、私には、仕事のことをなんでも相談できる頼もしいパートナーである。

女2代の林業会社！

私たちの勤めるマルマタ林業株式会社は、祖父が創業した会社を引継ぎ、現在の社長は私の母である。男社会の林業界で、母のような女社長は珍しい。母いわく「必死で勉強して知識を駆使することで乗り越えてきた」のだとか。きっと難しいこともたくさんあったはずだが、山の話をするときの母は、いつも楽しそうだ。私が小さい頃の母の記憶といえば、夕飯のときによく山の話をしていたことと、「今日はこの山に行って、上まで歩いて気持ちよかったわ。下刈りが終わった所はよく育っていたわ」と、やたら楽しそうに電話で山の話をしている姿だ。あんなにしょっちゅう誰と電話していたのか、と尋ねると、現場での作業の進捗状況を確認していたとのことだった。今のように携帯電話なんてない時代。なにせ管理している山林が九州中にバラバラとあるので、現場の人たちとコミュニケーションをとるのは、とても大変だったようだ。

大学を卒業してすぐ、マルマタ林業に就職した。木を伐る現場は当然ながら、男性が圧倒的に多い。幸運にも母が林業をしていた私は、割とすんなり受け入れてもらえた。最初は、毎日が〝予想外の出来事〟の連続だった。一口に山といっても、地形、地質、木の質どれをとっても違う。機械が故障した！　道が崩れた！　道を造っていて岩が出てきた！　雪が降って車が通らん！　間伐（木を間引くこと）途中に台風に遭って倒れた！　蜂に刺された！　……毎回、なにかしら問題が起こる。

この頃の一番の悩みは、地域特有の方言がうまく聞き取れず、現場の人たちとのコミュニケーションが上手くとれなかったこと。怖いおっちゃんたちにおびえ、先輩の後ろをもそもそとついてまわり、会話を聞くのが精一杯だった。しかし、「この場所のこの木を伐ってほしい」ということをきちんと伝えられるようになると、伐る側も「ちゃんと見ているな」と感じてくれるようだった。山を育てていくという共通の目的があると自然と会話も弾み、現場も進む。間伐後のスッキリとした現場で「お疲れさまでした」という言葉を彼らと共有するのは、本当に気持ちが良い。

〝山を育てる〟山主の仕事

「山を持つ」とはどういうことか。よく「山持ちさんはいいよね〜」と言われるが、とんでもない！　持っているだけでこんなにも税金がかかるということを、林業に携わって初めて知った。それに、ただ放っておいたら勝手に木が生えてくるわけではない。伐って、植えて、下草を刈って、枝打ち（余計な枝を伐ること）して……木も野菜を育てるようにこまめに手入れをしないと育たないのだ。

木材の市況だって本当に変化しやすい。木が安いからといって伐らないと手入れ不足になるし、木が高いからといって伐りすぎると地質を荒らす恐れもある。うちはまだ3代目だが、何代にもわたってきちんと林業を継続している事業体の先輩方には、本当に頭が下がる。

現在、マルマタ林業の社員は5名。夫を含めた2名は木を伐採する仕事を、私を含めた2名は森林管理、もう1名は伐採を手伝ったり、調査をしたりと両方携わっている。管理している山林は1325ha、東京ドーム282個分。こうして全て足すと面積は広いが、大分県内から、遠くは宮崎県や熊本県とあちこちに散らばっているので、本当に移動が大変である。宮崎県の椎葉村に行くには片道3時間かかり、日帰りの場合には朝5時出発なんてことも。普段、私が山に出るのは週に3～4日。残りは森林経営計画作成から、販売、精算まで、あらゆる事務作業を行う。これらも森林管理の大切な業務だ。現地に足を運ぶときは、まず山の境界を回り、現状を調査して数値化する。1haに何本の木があるのか、その木の直径、樹高、葉っぱの茂り具合、1本の木から何本の丸太ができるのか…。それから現場で木を伐る人と一緒に現地視察にいき、木を搬出する方法を決める。

でも自然相手の仕事は先が読めないことばかり。昨年の現場での出来事。この日、360本もの木を全て伐り払う現場作業のクライマックスは、谷川に面したとある大木の伐採だった。伐採前の調査段階では樹齢74年の杉。直径、樹高、皮の付き具合、枝ぶり、葉っぱの具合から「いや〜。良い杉だねえ。こりゃいいバイ！（日田弁）」と誰もが言っていた杉。しかし、実際に伐採してみると、伐採した杉の1割が根元から2ｍくらいの所まで枯れている状態であった。一同「エッ!! なにこれ!!」とあっけにとられた。樹種・地形・地質・水の流れ、落石被害の多い所なのか……。現在、原因を究明中である。

……と、こんな調子で山から山を飛び回る生活。子育てをしながら現場に行くのは本当に大変である。急に子どもが病気になってしまったりすると調整が大変だ。先輩や夫に無理を言って現場を代わってもらったり、父や母、子どもが通っている園の先生方に面倒をみてもらったり……本当に皆の温かい支えがあってこそはたらけている。いつもお世話になりっぱなしだ。

■もうひとつの山づくり

かといって、山を持っているからできることもたくさんある。なかでも、今力を入れているのが湯布院にある山林内で2haの区域で行っている「ヤブトラ物語」である。生物多様性の実験場をつくっているとでもいえようか。9年前の台風で倒れてしまったヒノキの人工林を元通りにせずに、空いた場所からどんな植物が出てくるのかを経過観察することにしたのである。「ヤブトラ物語」は虎まではいかずとも、人間や動物が楽しく遊べる森林を育てる、という意味で名付けた。年に2〜3回は子どもたちや、地元の人と一緒に、森林教室として植物観察・除伐・樹木版の設置を行っている。6年目、森林インストラクターと一緒に調査したところ、植物の種類はシダ、草本類、つる性植物も含めて２５３種類あった。もともとがヒノキの人工林ということもあり、50種類くらいはあればなあと想定していたが、まさかこんなに沢山の植物が生えてくるとは！　そこから「食べられる」「木工に向いている」「葉っぱ、花がきれい」という観点で80種類に限定し、その他の植物は除伐することに。年に2回は除伐を行っているが、除伐しても新しい植物は次々と生えてくる。まさに戦いだ。

また、新しい樹種も植栽した。一番多く植えたのが「サンショウ」「ケンポナシ」だ。両方とも実が食用にできる。サンショウは3年で５００mlのビン二つ分は収穫できた。ちりめんサンショウもつくった。ケンポナシは焼酎やお茶に使うことができる。

「ヤブトラ物語」の近くには「奥湯の郷」という温泉民宿や「川西農産物加工所」という直売所もあって、作業の後には毎回温泉で汗を流し、美味しい野菜たちを買って帰る。行き帰りも本当に楽しい山である。

▍林業って格好いい、を広めたい！

大学では景観工学という分野を勉強していた。卒業後の進路に悩んでいた頃、母の「林業の研修会に参加してみたら？」との言葉に、いやそれなら自分で回ってみようと思い立ち、10カ所くらいの学校・林業地を見にいった。なかでも、速水林業さんの森づくりは衝撃的だった。「良い木をつくること」への追求と低コストで手入れ行うことへのあくなき挑戦。森という空間を価値ある場所としてい

1. マルマタ林業の刻印。山の境界にこうして目印をつける／ 2.〈ヤブトラ物語〉の森にはカシワをはじめ多くの種類の植物が生える／ 3. マルマタ林業の山の地図を囲んで。左手前が筆者、その奥社長である母と夫／ 4. 境界を確認するのも山主の大切な仕事／ 5. 林業機械の試運転をする筆者

1
2
カシワ（高木）
3
4
5

く努力。現場で動いている方の動作の素早さやキレのある動き、アフリカから輸入したという、見たこともない木を運ぶ機械。そして、圧倒的な森林の美しさ。たとえるなら、隅々まで手入れの行き届いて調和のとれた、日本庭園のようだった。「林業って格好いいな」という感激を覚えた。

実際、山で木を伐る人は格好いい人が多い。まずそれを伝えたい。男気がある！　イケメンが多い（私だけでしょうか）！　それに、自然を相手にしているせいか優しい人が多い。そんな格好いい人をもっと沢山増やしていけたらいいなと思う。そのために生活ができること、そして豊かに暮らせること、が重要だ。森林管理という仕事を通して、現場の仕事を沢山生み出していきたい。

■そこに住んでいる人と、林業

学生時代からの研究の延長でまちづくり活動に力を入れていたこともあって、「そこに住んでいる人がいかにhappyになるか」という当時の想いは、今も根本にある。自分の住んでいるまちや暮らしのなか、そして今の自分たちの山の仕事につながるかたちでそうした活動も続けていきたいと思っている。だからこそ「杉をあらゆる場面で使う」ことが今いちばんの関心だ。たとえば、奈良県にある徳田銘木さんの曲がった木を曲がったまま手すりや柱に使うアイデアや、日田の家具屋さんが開発・発売している、クリアファイルならぬ杉ファイルなど、杉に関心がない人でも思わず目に留まり、手に取ってしまう商品がもっとふえてほしい。そして、普段使いの木製品が当たり前に日田の木でつくられるような、林業と暮らしが豊かにつながった社会になってほしい。そんな思いから、「技術・市場交流プラザ日田」の仲間と、日田格子や日田屋形屋台などを開発し、販売を行っている。飲食業や印刷業、ビルメンテナンス業からレコード販売業まで、日田市内の様々な業種の方の意見が飛び交う活気ある団体だ。

その他にも、日田の資源で日田の課題を解決する「ひたソーシャルビジネス研究会」、デザインやアートの切り口で林業に取り組む「ヤブクグリ」、夏に屋形船イベントを行うはたらく女子の集い「たかま。ｎｅｔ」、木のおもしろ情報を発信する「スギダラケ倶楽部北部九州支部」など……日田にはいろんな活動団体がある。山主1人ではなにもできないけれど、山に閉じこもらず、まちのいろんな人の力をかりて、楽しく活動を進めている。

▍山持ちのプライド

林業を軸にして色々と活動は広がるばかりだが、一番は山の手入れをやり続けていくこと、会社を安定的に続けていくこと、が目標だ。「なーんだ」といわれるかもしれないが、木材価格の変動、人材育成、自然災害、自分自身の変化といった様々な環境要因がある。それらにも冷静に対処しながら林業を続けて、自分の植えた木がきちんと育っていくのを見ていきたい。祖父や母がそうして山を守ってきたように。

今はまだ、日々の業務に一喜一憂しているので、母の様にとても楽しそうに林業を語れないが、歳を重ねて自分の子どもたちや周りの人に「林業」「山」の楽しさを、もういいよといわれるくらいに語れる、かっこいいおばあちゃんになりたい。そうして次の人に、バトンを渡していきたいと考えている。

森を香らせる人

田邉大輔・真理恵

（たなべ　だいすけ）下川町森林組合造材班班長。１９８０年宮城県生まれ。２００３年東海大学旭川校芸術工学部デザイン科卒業。２００４年下川町森林組合へ就職。その後一時退職し、伝統工法の大工を経験した後、信州大学農学部森林科学科にて林業を学ぶ。２００９年に現職へ復職。

（たなべ　まりえ）㈱フプの森代表。１９７６年北海道生まれ。１９９９年北海道大学経済学部環境経済学ゼミ卒業。ブライダル生花やインターネット販売業を経験後、２００７年より下川町森林組合とＮＰＯ法人森の生活にてトドマツ精油事業に従事。２０１２年にフプの森を設立、同事業を継承。

アカエゾマツ（手前）とトドマツ（奥）は北海道の森を代表する木。同じマツの仲間だが香りにはそれぞれの個性がある

（大輔）厳冬期の森林というのは、いわゆる有機物の匂いや、樹木が出す芳香物質の匂いがない。なぜなら土壌は全て積雪1mの雪で覆われ、樹木は活動をほぼ停止するからである。

もし、芳香成分が空気中に漂っているとしたら、それは熱によって樹木から放出されたものに違いないだろう。チェンソーによって丸太が生産される山土場や、伐倒した材の枝払い直後などがまさにそうである。毎秒20mで高速回転するソーは100℃近い熱を持ち、触れた樹皮や葉、幹の切断面から芳香物質を蒸発させる。モミ属のトドマツはどこか懐かしい柑橘系の香り、トウヒ属のアカエゾマツは、甘く上品な香り。同じトドマツでも、結晶化した樹脂は、就寝時に枕元でほのかに香っていてほしい落ち着いた香り、といった具合に多様である。なにも匂いがない冬だからこそ、一層その香りが際立って感じるのと同時に、過酷な冬山仕事のちょっとした贅沢な瞬間となる。

■朝の身支度

（真理恵）私が運営している「フプの森」は、山の植物を原料に、香りを中心としたものづくりをしており、北海道の北に位置する下川町というまちで、主にトドマツの枝葉から精油（エッセンシャルオイル）をつくっている。

森林組合の作業班に所属する夫の大輔は、朝7時前に家を出て、職場の車で仲間たちと山へ入る。冬場はまだ夜のように暗い。出発の30分前には車の暖気運転をし、車中をあたためる。この時期車はもちろん、自分の体もしっかり暖めることが大切だ。マイナス数十℃の環境では、体の芯に寒さが残っているとたちまち凍える。筋肉の動きが悪いとケガをするため、朝は車も身体もしっかり暖をとるのである。夫に弁当を持たせ送り出したら、今度は自分の身支度を済ませ、工場へと向かう。原料採りの日はフプの森のスタッフとともに、私もまた山へ入るのである。

私たちの精油づくりは、林業があってこそ存在する仕事である。原料となるトドマツ（アイヌ語でフプという）は、精油づくりのために育てているわけではない。林業の作業中、木を伐った後に残される枝葉を原料としている。もともと未利用資源であったものを有効利用する目的で、２０００年に下川町森林組合が事業化した。現在は株式会社フプの森がこの事業を引き継いでいるが、今でも原料を採りに行くのは、森林組合の職員たちが作業する現場である。そのため、蒸留という抽出作業を行う期間は、「夫は山へ木を伐りに、妻は山へ葉を採りに」、というのが私たち夫婦の日常となる。

「フプの森」の精油づくり

トドマツ精油の原料となるのは、木材として利用される幹の部分が運び出されたあとに残る、葉と細枝である。同じ葉であっても、付いている場所によっても香りは変わる。その年伸びた若い葉や芽の部分からは、本当に清々しくやわらかな香りがあふれる。葉の付き方も立体的で、下枝の古い葉と比べると、別の植物かと思うほど印象が異なる。植物の活力は見た目や香りにも表れているため、慣れてくると、どの葉を優先的に採ったらいいかが見えてくる。

山で採れた葉は、袋に詰めて工場に持ち帰り、蒸留する。原料に水蒸気を通し、それを集めて冷

1.11月初旬、冬の始まりを告げる初雪。これから約半年間雪と氷の世界となる／2.フプの森が届ける香り、トドマツのエッセンシャルオイル／3.筆者／4.トドマツのどこか懐かしい柑橘系の香りは、冬山仕事のご褒美だ

1

2

3

4

やすと、芳香蒸留水と精油となって出てくるのである。

この香りが店頭に並ぶとき、通常は小さな瓶に詰められている。一般的には、瓶に入った精油と林業の世界とは頭の中でなかなか結びつかないであろう。私たちは、そのイメージを変えたいと考えている。香りをかいだとき、美しい森と一緒に、力強くはたらくヘルメット姿の人びとが目に浮かぶくらいでいいと思っている。普段は目にする機会が少ないかもしれないが、実は皆の暮らしにつながっている山の世界である。自分の手で葉っぱを採りに行くことが難しい人たちにも、もっと山の植物や山村の営みを身近に感じてもらいたい。どこでもドアのようにいつでも山に行ける、そんな香りをつくりたいと思っている。

下川は林業に力を入れており、山の資源を活用することに目を向けて来た。そんななか、下川町森林組合は、木を加工するうえで発生するあらゆる副産物を、次々と別の加工品の原料として使い切る、ゼロエミッション工場を実現したことでも有名である。労力をかけて育てた山からは無駄なものは出さない、という精神がこの町の林産業を支えている。精油事業もまたこの流れの一環で生まれたのである。

夫大輔は、かつて森林組合で精油づくりを担当していたこともある。移住前、林業の道を志した当時は東京に住んでいたが、そんな彼がわざわざ下川を選んだきっかけも、このトドマツ精油であった。森林組合がアロマを手がけるという、先進的な試みに取り組む気風に可能性を感じ、移住先に選んだ。はじめは山仕事に従事していたが、ほどなくしてトドマツ精油の担当者となった。現在は再び山ではたらいているが、今も、林業の傍らフプの森のパッケージやビジュアルデザインを手掛け、出張販売やイベントなどに時折登場している。彼の口癖は、捨てられないものをつくること。香りだけでなく、山づくりのこともしっかりと見せるため、リーフレットひとつにも現場の空気感を最大に込める。山仕事から精油づくりまで経験している彼の目線は、フプの森のコンセプトをそのまま表現しているのである。

■山へ

（真理恵）大輔たちが山の現場でその日の作業に取りかかり、各々の持ち場での動きがスムーズになった頃、私たちフプの森スタッフが到着し、林内に入る。ここ下川では、トドマツ、カラマツの人工林を手入れすることが多い。フプの森は主にトドマツの精油をつくっているため、トドマツを伐っていて、しかも葉を運び出しやすいという条件がそろう現場があってはじめて、原料を採りに行くことができるのである。毎日のように現場の状況を聞き、トドマツを伐ると聞けば、準備して機会を待つ。日々変わる作業の進捗に合わせて日程を組むため、前日まで予定がはっきりしないことが普通である。ひとたび原料採りが始まれば、数週間から1ヶ月以上続くこともある。

現場では林業機械が稼働し、四方で木が倒され、材が集められている。彼らはチームで動き、自分と仲間の動きに気を配りながら、一歩間違えば命をも奪う危険な作業をしているため、私たちも軽い気持ちでうろうろするわけにはいかない。彼らの動きをよく見ながら、葉を採取する。私が初めてこの仕事に就いた頃は、現場の動きがまるで読めなかった。興味の赴くままに、機械や丸太に近づき、注意もされた。現場に入りながら少しずつ教わり、観察することで学んできたが、ありがたいことに、結婚を機に彼らが日々どこに気を使い、どんな動きをしているかという情報量が格段に増えた。夫から聞く現場の話は、今となっては精油づくりの仕事をするうえで非常に勉強になるし、そしてなによりおもしろい。山の仕事は、思っていたより複雑で、繊細である。林業は想像力がなければできない、と彼はよく言っている。

（大輔）1本の木を伐れば、その周りの全てに影響する。植生が変化し、その森の未来が変わる。だからこそ木を伐る者は、光のあたり方から風向き、水はけなどの環境条件はもちろん、樹木の生態や、その森で起きた過去の出来事と１００年先の状態を想像し、なおかつ、作業がスムーズに動くかどうかまで判断する。その根拠として、もちろん文献や海外の技術を参考にすることも大事だが、経験則が一番頼りになるのを私たちは知っている。だからこそ先輩たちの技術や話に耳を傾ける必要があるし、過酷な労働や試練に耐えて生み出されたものであることに感謝しながら仕事をしなければならないのである。

不確定要素ばかりのなか、決断しなければならないことの連続である林業の仕事は、体力任せに木を伐り、植える仕事ではない。想像力を必要とするクリエイティブな仕事なのである。

（真理恵）冬は日が暮れるのが早い。16時には作業を終えて山をあとにする。採った葉が詰まった重い袋を、必死に転がしたり背負ったりしながら林道まで運び、軽トラックに積み込む。女性であっても、重いものを持つ機会が多い仕事である。私も移住前に比べて随分腕力がついた。アロマのイメージからはほど遠い私たちの姿に驚くお客様も多いが、私たちを通して、山から恵みを得る醍醐味を追体験してもらいたいからこそ、あえて製造現場の力強さを見せている。これも、精油を楽しんでもらうための大

北海道らしい天然林。フプとはアイヌ語でトドマツのことを指す

切な情報のひとつなのである。

山仕事の空気感を商品とともに伝えるというスタンスは、森林組合が事業を始めた当初から変わっていない。お客様にとって、背景を知るからこそ味わえる香りがあり、私たちのつくった精油を通して新たに見えてくる世界がある。それは、もともとこの精油を購入する側にいた私の実体験でもある。自分が生産者となった今、きれいで美しいだけではない、土の匂いまでしてきそうな商品を届けることが私のモットーとなっている。

また、フプの森では、私たちから直接お客様へ発送する商品の中に、必ずトドマツの葉を一片入れている。そもそも精油は、植物の芳香成分を凝縮したもので、それが私たちの心身に作用することを期待して使用される。実際、山で生の木肌や葉に触れてみると、なんとも言えぬ生命力が伝わってきて、その力に納得させられるから不思議である。たとえ一片であっても、生の葉に触れる

と精油への印象は一段と愛情深いものとなる。実際、トドマツの葉を手にした方から感動の声をお寄せいただくことが多い。私は下川町に来る前、生花店ではたらいていたこともあって、生の植物に人の心を動かす力のあることがよくわかる。精油を使う喜びは、植物そのものに触れ、工程を知り、その瓶が手元に来るまでの一連に思いを馳せてこそ、より一層と大きなものになると信じている。その機会を逃してしまっては、もったいないとさえ思うから、生の葉や現場の話も、香りと同じくらい重要なのである。

香りを届けながら

仕事を終えて家に帰り、薪ストーブに火を入れる。夫婦別々に帰宅するが、夕飯はたいてい一緒につくる。台所に立ちながら、その日あった山での出来事を話すのが日課である。お気に入りの食器は、北海道の木でつくられた器や、トドマツの灰を釉薬に、トドマツの薪で焼いたという北海道の作家さんの陶皿。自分たちが、香りや木の由来を伝える仕事をするようになってから、そのほかのものを選ぶ目も変わってきた。材料と生産者の顔がわかるものに愛着がわく。皿をつくるよりも薪をこさえる時間の方が長くて大変だと話していた作家さんの言葉が印象的だった。

私たち夫婦は今、森のことを香りに乗せて届ける仕事をしている。私たち自身がそうだったように、この香りが、誰かのなにかを変えるきっかけになってくれればと思う。フプの森が、香りを手にした人にとって、今まで見えなかったもの、知らなかったこと、気づかなかった世界を垣間見る入り口となることを願う。そのために、ここで自分たちの信じる営みを続けることが、私たち2人の目標である。

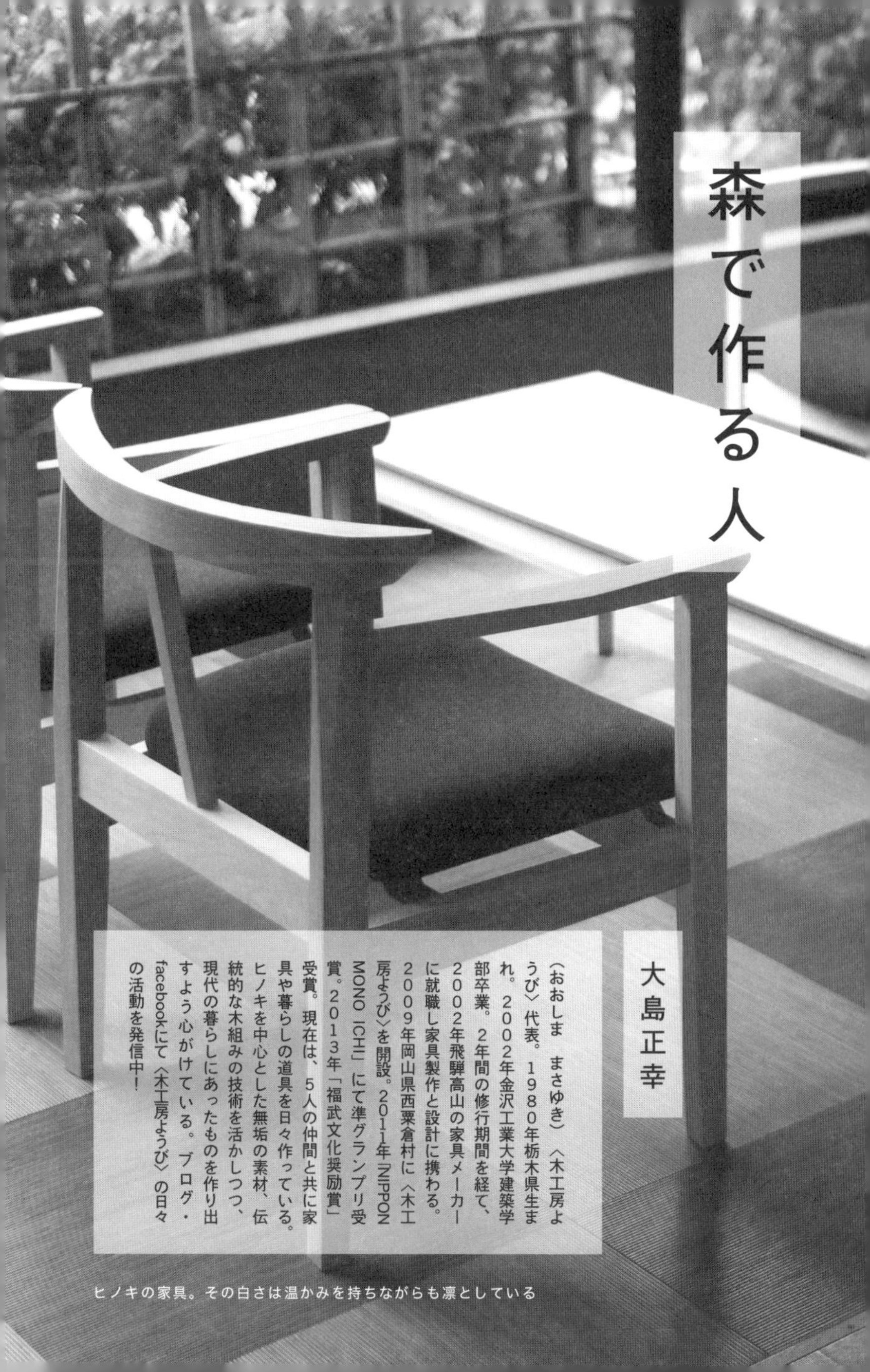

森で作る人

大島正幸

（おおしま　まさゆき）〈木工房ようび〉代表。１９８０年栃木県生まれ。２００２年金沢工業大学建築学部卒業。２年間の修行期間を経て、２００２年飛騨高山の家具メーカーに就職し家具製作と設計に携わる。２００９年岡山県西粟倉村に〈木工房ようび〉を開設。２０１１年「NIPPON MONO ICHI」にて準グランプリ受賞。２０１３年「福武文化奨励賞」受賞。現在は、５人の仲間と共に家具や暮らしの道具を日々作っている。ヒノキを中心とした無垢の素材、伝統的な木組みの技術を活かしつつ、現代の暮らしにあったものを作り出すよう心がけている。ブログ・facebookにて〈木工房ようび〉の日々の活動を発信中！

ヒノキの家具。その白さは温かみを持ちながらも凛としている

85年生の立派なヒノキが、天に向ってそびえ立っている。横には射抜くような強い目をした白髪のおじいちゃん。このとき、出会ってしまった。

「僕が、あなたのヒノキを家具にします！」

そう言ってしまっていた翌日には、岐阜、高山の家具工房に退職願を出し、岡山の山奥にある小さな村へ移住した。これが激動の日々の始まりとなることとは知らずに。

当時の僕は、ただ「作れる」だけの家具職人だった。家具職人として6年半の厳しい修行を終え、自分の腕にそれなりの手ごたえもあった。だけど、〝日本の山のこと〟は、なんにも知らなかったのだ。

西粟倉村との出会い

僕たち「木工房ようび」は、岡山県の西粟倉村という森林率95％の小さな村で、〝ヒノキ〟の家具を作っている。5年前にたった1人ではじめた小さな工房も、今では4月に生まれた娘も加わり仲間が6人に増え、それでも人手が足りないほどになった。「おもしろい村があるから見に行こうよ」そんな誘いにのって僕は奈緒子と西粟倉を訪れた。当時僕らはまだ結婚前、一緒に家具工房を立ち上げるという共通の目標に向かって、僕は家具職人、彼女は建築事務所でそれぞれに修行中の時期だった。奈緒子は、ずば抜けた行動力の持ち主で、僕はこの日も彼女に引っ張られ山奥の村に誘われるままに来ていた。

そこに待ち受けていたのが「西粟倉・森の学校」を立ち上げたばかりの、牧大介さんだった。「西粟倉・森の学校」は、林業の6次産業化を図り、間伐材や地域産材を使って様々なプロダクトを開発する会社として今でこそ名の通った存在だが、当時はまだ誰にも知られずひっそりと静かな場所だった。

僕らは村につくやいなや、冒頭のおじいちゃんこと延東さんの森へ連れられた。立派に手入れされた森で延東さんは、「高校生の頃から手入れしてきて子どものようにかわいい山じゃが、こういう木は今は誰もいらんのじゃ」と寂しげに言う。海外から入ってくる安い木材に負け、愛情をかけ、よく手入れされた木ほど、行き先を失っているのだという。その夜、牧さんは、鍋をつつきながら村が取り組む「百年の森林構想」について話してくれた。安い外材に市場を奪われ放置されてしまった山を、村が借りるかたちで一括管理・一括施業するという画期的なもの。戦後一斉に植林された日本中の山を、もう50年あきらめずに美しい百年の森林に育て、次世代につなげたい、そのためにどうしても木の需要を伸ばしていく必要がある、と。その話を聞き、食事の後の温泉で感極まった僕は、「この村に来て、この山の木をかたちにしてほしいといってもらえるようにしたい」と全裸で牧さんに申し出たのだった。２００９年の夏だった。

■作っては壊す、苦悩の日々

高山では当たり前にあった、ものづくりの環境。ここにきて、それがどれだけ貴重なものだったのかを思い知ることになる。まず、工房がなかった。過疎の村には、家具職人を受け入れるクリエイティブな環境なんて、かけらもなかった。とりあえずモノが作れればなんでもいいと、なんとか牧さんの口利きで廃工場を借りることができた。中古だけれど、機械も手に入ったのは不幸中の幸いだった。しかしだ。いざ家具を作ろうと、僕が「木を売ってください」と言うと、牧さんは「あそこにある」と、山を指差す。なんとこの村には、伐り出した木材を乾燥させる乾燥機さえなかったのだ。でもこの頃の西粟倉は日々急速に変化していた。昨日できなかったことが今日はできる、そんな感じ。そうして数ヶ月後、初めて手に入れた6枚のヒノキの板。本当に嬉しかった。

しかし、喜びはまたもみるみる絶望に変わる。6年半、必死に磨いてきた技術が活きない。移住して「ヒノキ家具」をやる、といったとき、前職のほとんどの人に無理だと笑われた。家具の産地、岐阜の高山では、ナラやブナといった広葉樹で作るのが常識。針葉樹のヒノキで木組みの家具を作るというのは、過去の実績が少なく「タブー」とされていたのだ。ヒノキは広葉樹よりもずっと柔らかい木なので、接合部の剛性がとれないのがひとつの大きな理由と分かってはいたのだが、染み付いた技術も思い込みも、なかなか外せるものではなかった。ただひたすらに試作を繰り返した。朝起きては工房に行き、作り、壊す。毎日1人でコンクリートに打ち付けてサンプルを破壊する僕を不審に思った人に、通報されたこともあった。身寄りのない田舎の、だだっぴろい工房のほんの片隅にだけ電気を灯して研究を続ける日々は、孤独感との戦いだった。でも、1日15時間、月30日、年363日はたらけば、普通の2・8倍、技術開発することができる。素材の硬度を気にすると、どうしても野暮ったいデザインになるのだが、同情で買ってもらうなんて、ヒノキに申し訳ない。「カッコイイ↓森を元気にする間伐材で作ってあった！」という順番にしたい。そう思って、挑み続けた。

そして初めてできたヒノキの椅子が〈クレーチェア〉である。座面の紙紐も手で編んで作っている、本当の手作り。そして、留め具、金具などは一切使わず、ぜんぶが木でできた椅子。自分で作っていながら感動したのは、その軽さだった。クレーチェアは女性が指2本で持ち上げることができる。この軽さは、ヒノキでなければできないものだ。

3人の仲間と、いくつもの追い風

２０１０年に、ようやく初めての仲間ができた。かわいい顔して最強の職人、渡辺陽子だ。彼女はただ「作る」ことが大好きで、作り上げることにいつも全力投球な、制作の鬼だ。半年遅れて、建築修行を終えた奈緒子もようやく合流。そして２０１２年には、当時女子高生だった上村浩夢が「どうしても木工がしたい」と言って熊本からやってきた。コンクールで優勝するほどの確かな腕があっても、未経験で女性の上村を雇ってくれる所は九州中を探しても見つからなかったのだという。僕たちも初めは見学だけのつもりが、彼女の必死さに負けてしまった。この子が木工をできないんだったら、木工に未来はないと思ったのだ。どんなにきれいな森林が残っていても、それを活かせる人のいない未来では意味がない。そうしてやってきた3人の仲間。僕は森から作る人だけれど、僕の仲間は森が作ってくれたのだと思っている。

その頃からようびには、思いがけない大きな仕事がどこからともなく次々にやってきた。たとえば、ap bank fes のトークステージでスピンチェアを使ってもらったこと。たとえば４００年の老舗、唐紙の唐長さんとコラボさせてもらったこと。植樹祭で使われる家具を作らせていただいたこと。直島の美術館で椅子を使ってもらったこと……。追い風は、そよ風ではない。暴風雨ばかりだ。

忘れられないのが、地元美作の老舗旅館「季譜の里」さんとの仕事。ロビー、売店、フロント、喫茶、全ての空間をヒノキの家具で作りあげるという、とても大きな仕事を任せてもらったのだ。これは、空間全体を見てプランを提案できる奈緒子、制作の鬼の渡辺、とにかく一生懸命な上村、そして地元の大工さんの応援があったからこそ実現した。

34脚の椅子、8台のテーブル、6種類の棚、全てを納め終えた日、照明はなにも変えていないのに、空間がものすごく明るくなっていたことには驚いた。他の木にはないヒノキの白さ、美しさは、僕自身このとき初めて知ったのだった。

「タブー」から「日本の文化」へ

歴史的に見れば、ヒノキは最高級の木材であり、木曾では「ヒノキ1本、首ひとつ」というほど、大切にされていた。どうして「ヒノキ」は他の木と違った特別な扱いを受けてきたのか。正確な答えは分からない。手に取ってみると、少し黄色く、淡い朱色を内側に宿していて、絵の具の「真っ白」ではない。しかし、「白木」といった言葉でも表現されるように、なによりも白く感じる不思議さを宿している。ヒノキの白さは、お米の白さや和紙の白さに通じるように感じ、温かみをもちながらも凛としている。その白さと雰囲気を日本人は愛したのではないだろうか。

今になって思うのは、ヒノキが家具に用いられてこなかったのは、材料硬度の問題ではなく、文化の問題だったのではないかということ。椅子などの家具を日本人が一般的に使うようになったのは、

1.〈季譜の里〉のロビー／2. 工房で家具を制作する筆者／3. 初めて作ったヒノキ家具〈クレーチェア〉／4. 木工房ようびのメンバー。左から山口、上村、奈緒子と娘、筆者、渡辺、田中

1

2

3

4

最近のこと。椅子も椅子を作る技術も、ヒノキの育たない西欧から輸入されたもの。家具職人は、その教えを守るかのように、広葉樹で家具を作り続けてきた。まっすぐで木目も美しく、加工しやすいヒノキは、主に寺社仏閣の材料として使われ、一般庶民の使ってよい材料ではなかったのだろう。僕らは世界的に森林が減るなかで、こんなにも美しい木を使った方が環境にいいという、世界でも稀な状況にある。そして、未来に技術を伝えることは、今、森を手入れする意味を生むことでもある。そう考えるようになってから、どんどん新しいヒノキ家具を生み出せるようになってきた。

2013年の夏、岡山県の文化に貢献したとして福武文化奨励賞という賞をいただいた。なにより嬉しかったのは、ヒノキ家具が文化として認められたということ。奨励とは、もっともっと頑張れってことだ。

やがて風景になるものづくり

僕らが一番大切にしているコンセプトは「やがて風景になるものづくり」である。家具を作りながら、風景を作っている。それは未来の森林だったり、家族の賑やかな食卓シーンだったりする。「家具を作る」というのは、まさに製造業である。家内制手工業から発達し、工場制手工業、工場制機械工業というように、発展する。そうして経済性を重視すると、結果として人がいらなくなってしまう。僕らが目指すのは、むしろその先にあるかたちだと思っている。「人でなければ作れないもの」を作る。そんな仕組みを一緒に作るために必要なのが、雇用という関係を超えた仲間の存在だ。私たちは、それを拡張家族と考えている。誰かになにかがあったら助けるし、応援する。意見がぶつかれば喧嘩もするし、納得がいかないときは本気で怒る。同じ釜の飯を食って、そして、一緒に夢見る。そういったはたらき方、生き方もあると思う。

さらに2013年には山口祐史が合流した。山口は東京で10年間グラフィックデザインをしていた。職人になるには年を取っているので悩んだけれど、努力と思いやりに溢れた彼の仕事振りは今や、ようびにはなくてはならないものとなっている。そして、田中良典。彼はほとんど経験もなく情熱だけでやってきた。不思議なやつだけど、彼の純粋な目線、成長への貪欲さは、ようびに新しい風穴をあけてくれている。

前日まで家具を死に物狂いで作って、施工もわずか4日間しかなかった季譜の里さんの工事現場で、ふと気づくと、どうも奈緒子の顔色が悪い。後で判明したのだが、なんと妊娠2ヶ月だったのだ。その後、無事生まれた娘も元気にすくすく育っている。こうして1人ずつ〝家族〟が増えてきた今、僕が、奈緒子が、渡辺が、上村が、山口が、田中がいるからできる、そういったものをかたちにしていきたい。

50年後、ヒメホタルの森で宴会を

モノを作るというのは、木が育つ長い時間と、モノとして使って頂く長い時間のあいだを預かるという、短いけれどとても大切な役割だ。そして、その結果として、未来の森を娘の世代に渡すこととなる。娘が生まれて、遠い目標だった50年後が、通過点に見えるようになった。僕が延東さんの想いを受け取ったように、また誰かに渡すとき、嬉しいと思ってもらえる森にするのが、大切なこと。僕の夢は、50年後、手入れされた森に光るヒメホタルの灯で、村が明るくなること。その夜、皆で盛大に宴を開くこと。そして、その頃には、次の50年の話を一緒に夢見ていることだ。

森で灯す人

松田 昇

（まつだ　のぼる）松田林業3代目。1976年岩手県住田町生まれ。1995年県立高田高校卒業。同年4月㈲松田林業入社。2007年6月風倒木の処理作業中に樹高27mの杉の木の下敷きになり脊髄損傷。一時下半身不随となるも懸命のリハビリにより1年の療養で現場復帰。それ以降トレードマークの赤い作業服を着用するようになる。震災以降、自然エネルギーの重要性を感じ仲間と共に〈エネルギーシフト気仙勉強会〉を立ち上げバイオマス利用による持続可能な循環型の林業を模索している。

2014年秋竣工予定の住田町新庁舎に使用される木材を町内の木工団地に納材。苗木生産からプレカットまで、町内で完結する林業のシステムが素早い木造仮設住宅の提供につながったなに？　これ？　この世の終わり？

目の前の光景が理解できない。

さっきまで穏やかだった海が牙をむいている。漁港の水深10ｍほどの海底があらわになり、ほどなく津波襲来。湾の中央にあるワカメの養殖棚はもみくちゃ。携帯にはたくさんのメールが届いていたが、電波はダウン。４ヶ月の息子を連れて病院に行った妻の安否が気になる。とにかく自宅に帰らなければ……。

私は岩手県大船渡市三陸町綾里で、つい30分前まで木材の搬出作業をしていた。港から２００ｍ離れた高台から見た、10ｍはあろう市場の屋根まで海面がせり上がる様子が遠目にも恐ろしかった。海沿いの県道を避け、津波の２波、３波がいつやってくるか、瓦礫でパンクしないかと怯えながらも私たちは遠回りのルートで帰路を急いだ。津波にのまれるのはごめんだ。途中、目の前で電柱が横倒しになり、電線が道路を塞いでいた。「チェーンソー持ってこい！」木材以外は切らないのがチェーンソーマンの掟だがこのときばかりはそんなことは言っていられなかった。電線を切って浸水区域を脱出し、なんとか住田町の自宅に帰宅した。家族と共にようやく人心地つきながらもため息をついた。「これからどうなるのだろう」。

２０１１年3月11日。日常が一瞬にして変わってしまった日。あの日を境に、周辺の環境、人びとの価値観は大きく変わった。しかし、震災前から大事にしてきたものは実はなにも変わっていない。

人と人のつながり。

誇れる故郷の創造。

林業で生計を立てる者として、できる限りのことはやってきたつもりだ。実は震災直後から、わが家は停電にも関わらず、毎日風呂に入ることができた。以前から給湯に使っていた薪ボイラーのおかげだ。生まれたばかりの子どもを抱え、どんなに心強かったことか。それだけじゃない。震災翌日からの瓦礫処理、木造仮設住宅、そしてこれからのエネルギー問題。林業に関わる者としてできることは多かった。

先祖から守り、受け継ぎ、共生してきた住田の森と林業。

あの日から日増しに強くなっている森人（守り人）としての思いを聞いてほしい。

■活躍する林業機械、薪ボイラー、居心地良い木造仮設！

私の住む住田町は一大被災地となった釜石市、大船渡市、陸前高田市に隣接する。震災翌日から私は、消防団の一員として行方不明者の捜索活動に派遣された。それから半年間、陸前高田市、大船渡市という津波被害の最も大きかった町で林業機械が活躍することとなる。手作業での瓦礫撤去は困難を極め、これでは埒《らち》が明かないと近くの現場から林業機械のグラップル（丸太などを掴む腕を持つ重機）を持ってくることにしたのだ。停電、ガソリン不足、携帯の電波切れ……そんななかでも作業は格段に早まった。小雪が舞うなか各地に避難所が設けられ、家を流された人びとが寒さに身を寄せ合いながら不安な日々を過ごしていたが、このとき活躍したのは「薪」だった。わが家の薪ボイラーはフル稼働で入浴する避難者を迎えた。生後4ヶ月のわが子もエネルギー危機はどこ吹く風。薪のおかげで風呂に入れない日はなかった。

数百人単位の行方不明者と向き合う戦場で、もうひとつ喜ばれたのが、住田町が手掛けた木造の仮設住宅の建設だった。「森林・林業日本一」を標榜する住田町は、震災後3日目に町内建設業者で、製材から組み立てまで全てを手掛けるチームを編成。110棟の仮設住宅を建て、5月には全戸入居した。被災地ではない住田町内に他の町民の仮設住宅をつくることは一般的ではなかった。しかし「津波から助かった命を守らなければならない」という思いから町は建設を断行、それに賛同した多くの団体が支援の手をさしのべた。木造の仮設住宅は、木の香りが入居者の癒しとなり、結露も少ない。また連棟ではなく戸建てであることがプライバシーの保護にもなる。入居者からも非常に高い評価をいただいた。これらの取組みから、住田の林業が改めて注目されることとなった。

■山を使い、守る松田林業

私は松田林業の3代目。祖父が馬で木を牽《ひ》く馬搬から創業した会社だ。仕事場は岩手県の沿岸南部、気仙地域の山林だ。気仙地域は、戦後の人工林拡大造成期からの蓄積量の熟成を背景に、県内の木材加工量の3分の1が行われるまでに発展した。その各加工施設（製材所や集成材工場、合板工場など）の原料となる、丸太の安定供給が私の森人（守り人）としての使命だ。

林業を生業とする家に生まれた私は幼い頃から山で生きる男たちの背中を見て、そして彼らに可愛がられ育った。林業機械が好きだった私は父に連れられて山に行くのが本当に大好きで、初めてグラップルを動かしたのは小学2年生、中学生になると一人前のオペレータとして手伝いをし、高校時代は大型トラックを乗りこなして丸太を積みに行った。まるで林業の申し子のごとく成長した私を年寄りたちは本当に喜んでくれた。警察にはしこたま怒られたこともあったのだが、今になって思うとこれこそが後継者育成だったのだと思う。

震災で注目された住田町の林業は、歴史を積み重ねて構築されたものだ。私の祖父世代が終戦後、将来の豊かな生活を夢見て造林に励んだ成果が、町の面積の9割以上を山林が占めるという現在の豊富な森林資源となった。松田林業は伐採搬出を受け持つ「素材生産業」。素材生産業とは、山の木々を育て更新していく際に行う「間伐」とは異なり、山の木を一度に収穫するだけの「皆伐」をする仕事。再造林（皆伐地に新たな苗を植えること）はしないのが一般的だ。しかし私は、伐ったら植えるという林業の循環を守らなければ次世代によい山が引き継げないと、以前から問題意識を持っていた。木材価格の低迷など厳しい状況に山主の意欲はなくなり、再造林が行われない伐採後の放棄地があちこちで見られるようになっていたからだ。森林の持つ水源涵養機能(地中や幹に水を蓄える能力）や土砂流失防備(根で斜面地の土を固定する力)などの多面的機能は、適切な管理があって初めて発揮されるのである。

年寄りたちが若かりし頃、将来の豊かさを夢見て植えた山々をただ無駄に廃れさせる訳にはいかない。そして、次の世代にこの山々を引き継いでいかなければならないとの思いで始めたのが、分収契約（山主が業者に森林管理を委託しその分収益を折半すること）による再造林である。

“伐る→燃やす→植える→成長→伐る”の好循環構想

分収契約による再造林とは、松田林業が山主の代わりに「山守り」として山林を管理し続ける仕組み

1. 海の見える作業場。先祖から受け継いだ山林の風景／ 2. 筆者／ 3. 陸前高田市で行方不明者を捜索するグラップル／ 4. エネルギーシフト気仙勉強会のメンバーと

1

2

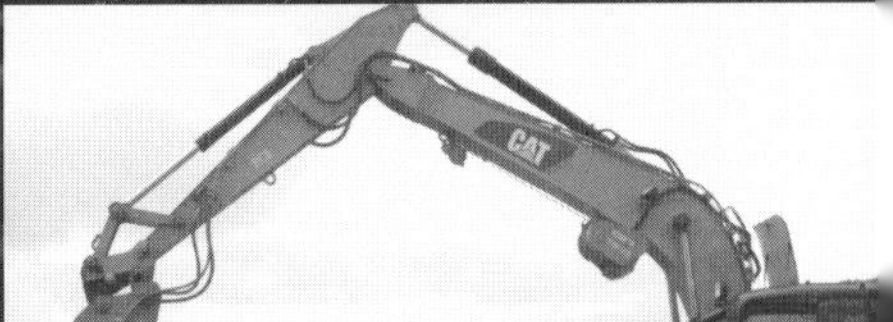
CAT
3

エネルギーシフト気仙 2013
SYLACAUGA
エネシフ
ケセン
エネシフ
ケセン
エネシフ
ケセン
エネシフ
ケセン
4

だ。そのためには少しの木も無駄にしない好循環が必要だ。具体的には、やむを得ず伐採後放棄地となる山林に松田林業が自ら再造林や環境に配慮した施業を行い、森林を育て、そして50年後に山主に収益を分収する。収入に直結しない再造林を低コストに進めるため、丸太の収穫時には、木の幹を伐り分ける際に発生する「端ころ」と呼ばれる未利用木材も放置せずに山から運びだし、苗を植える際の地拵《じごしら》え作業（伐採後苗を植えやすくするために林地残材などを片付けて整地すること）を圧縮。運び出された林地残材もゴミにするのではなく、化石燃料の代替えとして利用するサイクルができれば、山のゴミを減らしながらカーボンオフセット（木材は成長の過程でCO_2を幹に固定し成長していくことから燃やしても大気中のCO_2が増加することにはならないという考え方）できる燃料として有効利用が可能だ。「伐る↓燃やす↓植える↓CO_2を固定しながら成長する↓伐る」という循環が成立する。なにより、住田町や気仙の山の木材が「循環できる資源」として持続的に生産され、祖父の世代が苦労してつくってくれた山を無駄なく利用しつつ次の代に引き継いで行けば、過疎の地域に新たな雇用も生まれ、経済も循環する、そんな資源と人間が循環する仕組みをつくりたいと考えた。分収契約による山の管理も4年目になり、未利用木材や林地残材を有効利用する仕組みはまだ実現には至っていないものの、毎日の仕事終わりには自宅の薪ボイラー分は確保して帰るなど、小さいながらも着実に前進しはじめていた。

木質バイオマスエネルギー

そんな持続可能な林業を模索しているさなかに発生したのが、東日本大震災だった。

津波は住田、気仙の林業界に大きな影響を与えた。木材の搬出先だった大船渡市の合板工場が津波で被災した。工場から市街地に流出した木材の回収など復旧に努めたが、結局再開を断念。チップ工場、小規模の製材工場もあわせて気仙管内で5社が廃業に追い込まれた。私たちが丸太を伐り出しても、それを使ってくれる木材の出口がなくなったのだ。製材するために遠方の工場まで運べば輸送コストがかかる。林業界全体に暗雲が立ち込めていた。そんななか、私は仲間と共に「エネルギーシフト気仙勉強会」を立ち上げた。「原発にも、石油石炭天然ガスにも頼らない気仙 岩手 日本を創ろう」これがスローガンである。

思えば、生まれたばかりの子どもは自宅の薪ボイラーのおかげで震災後、毎日風呂に入れた。自分の手の中にあるシンプルなバイオマスエネルギーの有効性を垣間見たのだ。震災直後小雪の舞うなか「薪」という目の前の山にある木質バイオマスがどれほど心強かったことか。祖父の世代が苦労してつくった森林資源。震災後の新しい社会システムに林業がかかわっていく仕組みを確立させることが私の使命だ。

林業は自然を相手にする仕事。毎日山に行って自然と対峙すれば、どれほど科学技術が発達し自然を征服したつもりになっても、自然には到底適わない。そんな感性が養える。自然からの恵みをいただきながら山の神さまや年寄りたちに感謝し、細く長く生きるべきだ。

その恵みのひとつが持続可能なエネルギーとしてあるだろう。木質バイオマスが他の自然エネルギーと最も異なるのは燃料を供給し続けなければならない点。この面倒くささが地域経済に大きな効果をもたらす。導入の最大の目的は地域の「富」の流出を阻止することにある。450億円を超える重油と灯油の岩手県内の消費額の1割でも地域に残せれば、雇用を生み出し人口減少にブレーキを掛けられる。地方が自立していくための有効なツールでもあるのだ。林業の先進国といわれるドイツやオーストリアでは、林業者が地域のエネルギー供給者となって活躍している。チェルノブイリの原発事故を契機に再生可能エネルギーが普及し、暖房や給湯に必要な熱エネルギーを「上下水道＋温水」というかたちで供給している。また、電熱併給（コジェネレーション）といわれる熱を生産しながら発電もするという先進的な技術もすでに定着しているのだ。しかしながら日本ではまだ、実験段階のため本格的な普及に至っていない。「エネルギーシフト気仙勉強会」では、現在林業や建築業、食品加工業など気仙地域の様々な職業に携わる者たちが集まり木質バイオマスによる再生可能エネルギーの事業化を検討調査し、震災の被災地に自然と共生した地産地消のエネルギーシステムの町をつくるべく活動をしている。震災の経験、今なお続く被災状況があるからこそ、自然に寄り添ったシステムにエネルギーシフトするべきなのだ。

次の世代へ

住田から目指す低炭素社会の実現、現場の技術開発、SNSなど地方から発信できるツール……。地方が元気になれる要素はまだある。それらをうまく利用しなければ、今までと同じことの繰り返しだ。

林業で震災後の社会に一石を投じること、それが育ててくれた年寄りたちへの恩返しになると思っている。住田の山から新たな可能性を発信し続ける覚悟で、今日も現場で木と向き合う。

次世代に持続可能な社会を引き継ぐため。

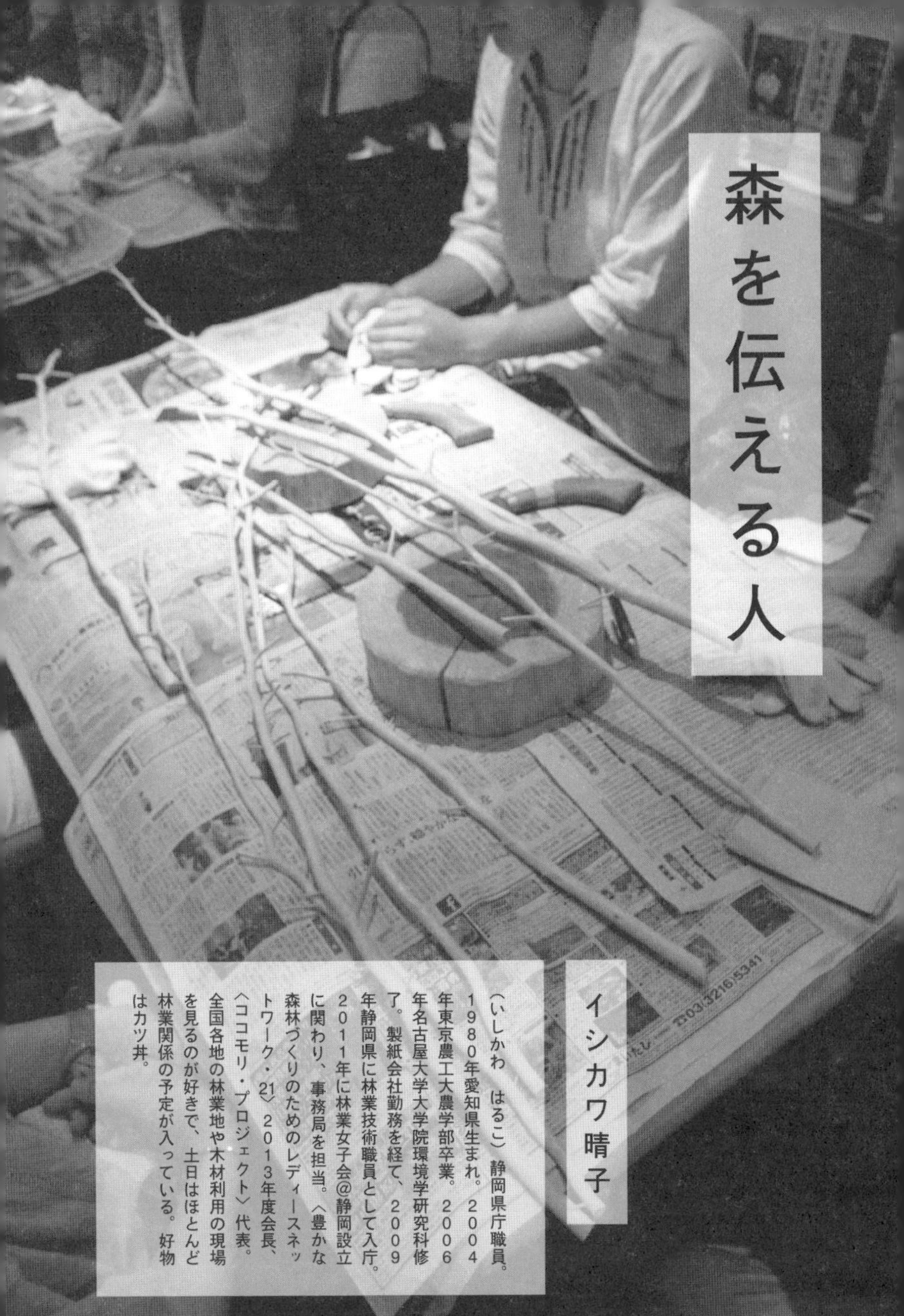

森を伝える人

イシカワ晴子

（いしかわ　はるこ）静岡県庁職員。1980年愛知県生まれ。2004年東京農工大農学部卒業。2006年名古屋大学大学院環境学研究科修了。製紙会社勤務を経て、2009年静岡県に林業技術職員として入庁。2011年に林業女子会@静岡設立に関わり、事務局を担当。〈豊かな森林づくりのためのレディースネットワーク・21〉2013年度会長、〈ココモリ・プロジェクト〉代表。全国各地の林業地や木材利用の現場を見るのが好きで、土日はほとんど林業関係の予定が入っている。好物はカツ丼。

林業女子会 @ 静岡の 2 周年記念イベント「木こり女子とつくる hinoki の箸おき」の様子。天竜のヒノキの枝で箸おきをつくるワークショップを行った先日、仕事でラジオに出演し「しずおかの木が使われることが、嬉しくて仕方がない」と話したら、パーソナリティの人に、そんな風に楽しそうに林業のことを話す県職員に初めて会いましたと驚かれた。「静岡県林業職員」というのは、静岡県産の木材がたくさん使われて、静岡県内の森が元気になることに幸せを覚える人たちだ。私は、その一員としてはたらいている。

「オジサンばかりだと思っていたけど、県職員にもこんな元気な女性がいると知ってうれしい。静岡県の林業も明るいですね」という言葉は、男性職員には申し訳ないけれど、私にとっては一番の応援フレーズだった。

万華鏡のような県職員生活

2009年4月、私は静岡県の林業の技術職として採用された。林道や治山といった森林土木工事を4年間担当し、2013年4月からは、林業振興課という部署ではたらいている。私たちは静岡県の山・森・木が関係していればなんでも知っていなければならないので、毎日のように情報を集め、県内各地を回り、林業・木材関係者となら誰とでも会う。くるくると回る万華鏡のような日々だ。

以前いた森林土木工事の部署では、いつも現場を駆け回っていた。林道工事は、山の中に木材を出すための道をつくるもの、治山工事は、土砂災害の起こった場所を穏やかな山になるようにしたり、災害が起こらないように森の力を高めたりするためにダムなどをつくるものだ。どちらも、山の地質や地形を充分に知って将来の山の姿を想い描ける技術が要る。一にも二にも現場が教科書で、ヘルメットと作業着に身を包み、毎日のように山に通っていた。

一度、土石流発生直前の現場に行ったことがある。台風のあとの現場確認で、私たちが帰ったあとすぐに、土石流が発生したと連絡があった。幸い、けが人はなかったが、写真を見ると、自分がさっきまで立っていたところが全て流されている。自然の恐ろしさを強く感じて思わず息を呑んだ。あのときの緊張感は、忘れることができない。

ほかにも、カラカラと岩が落ちる斜面が怖くて木の幹に必死に掴まったり、トイレを我慢しながら転がるように山を降りたり、楽しいことばかりではなかったが、四季を体いっぱいに感じられる喜びはあった。ぴかぴかの新緑、深い万緑、鮮やかな紅葉に、うっすらと落ちてくる白い雪。私は、三角スケールと野帳を片手に、充実した気持ちで走り回っていた。

現在の部署である林業振興課では、木造住宅の補助金事業を担当しているので、立っている木ではなく、柱などの「角材」を相手に仕事をするようになった。山に立っている木は、伐採されて丸太となり、「製材所」というところで角材に加工される。製材所でつくられた角材は、たくさんの人の家の骨組みになっていく。私は、製材所は山と街との距離が一気に縮まる場所だと思っていて、とても好きだ。静岡県には、2012年末現在で、200を越える製材所がある。これは全国で4番目に多く、静岡県に昔から木が溢れていたことを示している。

しかし、「静岡県の木材」と聞いて、身近に感じる人はまだ少ない。あるセミナーで工務店や設計士に

「家をつくるときに木に関心のあるクライアントはいるか」と聞いたときは、誰も手があがらなかった。ショックを受ける以前に、自分が林業・木材に強く興味を持っているので、なぜそんな人ばかりなのかよくわからず、戸惑っていたように思う。「静岡県には、こんなにも木が溢れているのに、なぜ?」と。

街には林業・木材を身近に感じにくい生活スタイルがあり、山には一般の消費者には理解しづらい「山目線」がある。業務を通じて、私はふたつのあいだには大きな壁があると感じた。そして、「木の魅力の発信」と「他業種を巻き込むこと」が、林業には必要だと思うようになった。立っている木も角材になった木もそれぞれに魅力があって、それを地域の人に発信する方法と、他分野からの意見を活かして「しずおかの木」を身近に思ってもらえる方法を模索している。その先には、山と街とが近く、地元を愛する人が多い静岡県だからこそ起こる林業のイノベーションがあると信じている。

林業女子たちのカラフルなパレット

２０１１年６月から、プライベートの活動で、林業女子会@静岡という団体の事務局をしている。林業女子会@静岡のメンバーは、２０１３年12月現在で、19名。全員が社会人で、木工作家やデザイナー、主婦、木こりなどが集まっている。

主な活動は、街中でのイベント開催である。「木のストーリーを知る人を増やすことで、林業と暮らしをつなぐ」というテーマで、女子の目線で林業のプロデュースをしている。林業女子会は全国にあるが、私たちの特徴は「それぞれの職業を活かした発信を行えること」。メンバーは、プロとして様々なかたちで木に関わる仕事を持つ人が多い。そんなはたらく女子たちが集まっているからこそできる発信が強みだ。

２０１１年３月、「ｆｇ」というフリーペーパーを発行している林業女子会＠京都のメンバーに会い、「林業女子会を静岡でもつくろう」と思い至った。「女子目線」というところに惹かれ、仲間を集めるため、県職員の友達をはじめ様々な方面に声を掛けて「一緒に女子会をやろう」とひたすら言い続けてメンバーを集め、設立した。この頃は、本当によく走ったと思う。

これまでに街中で行ったイベントは、楽器に使われている木のレクチャー付きコンサート、街中のカフェで木のコースターや箸置きをつくるワークショップ、木を使ったプロダクトの解説や木こりとしてはたらく女子の話を聞くトークイベントなど。共通して意識しているのは、街中の身近なシーンが、林業につながること。「この店で林業の話を聞いた」という記憶をいろんな人に広く残していくことで、街中に林業や木は広がっていくと思う。

私たちは、年に一度、山のイベントも開催している。２０１３年の12月には、静岡市内の山に行った。冬の山は、鮮やかな空色と杉ヒノキの深い緑色、広葉樹の枝が銀色に光って、静かな雰囲気だ。幸い風も弱くて、日差しも暖かい日。山主の話を聞きながら、皆伐地（木を全て伐ってしまったところ）や植栽地（木の苗を植えたところ）を見せてもらった。

参加者は女子だけだったので、カバンや上着からは、明るい色が溢れている。ピンクや赤、黄色に黄緑。冬の山に現れた色鮮やかな一団は、一見すると異質な存在だったが、山からは歓迎されているような気がした。「どっちが杉で、どっちがヒノキの葉?」「種はどこ? 苗はどれ?」「どんな風に手入れをするの?」林業について知らなかった街女子たちが、林業女子会@静岡を通じて山との距離を縮めていく。こんなときはとてもうきうきする。私たちの活動が、実になった瞬間でもあるからだ。

　街中のイベントで、林業に興味を持ってもらうきっかけづくりをする一方で、林業に興味を持った人が山に行く機会もつくる。林業女子会@静岡は、いろんな色が出会って

1

2

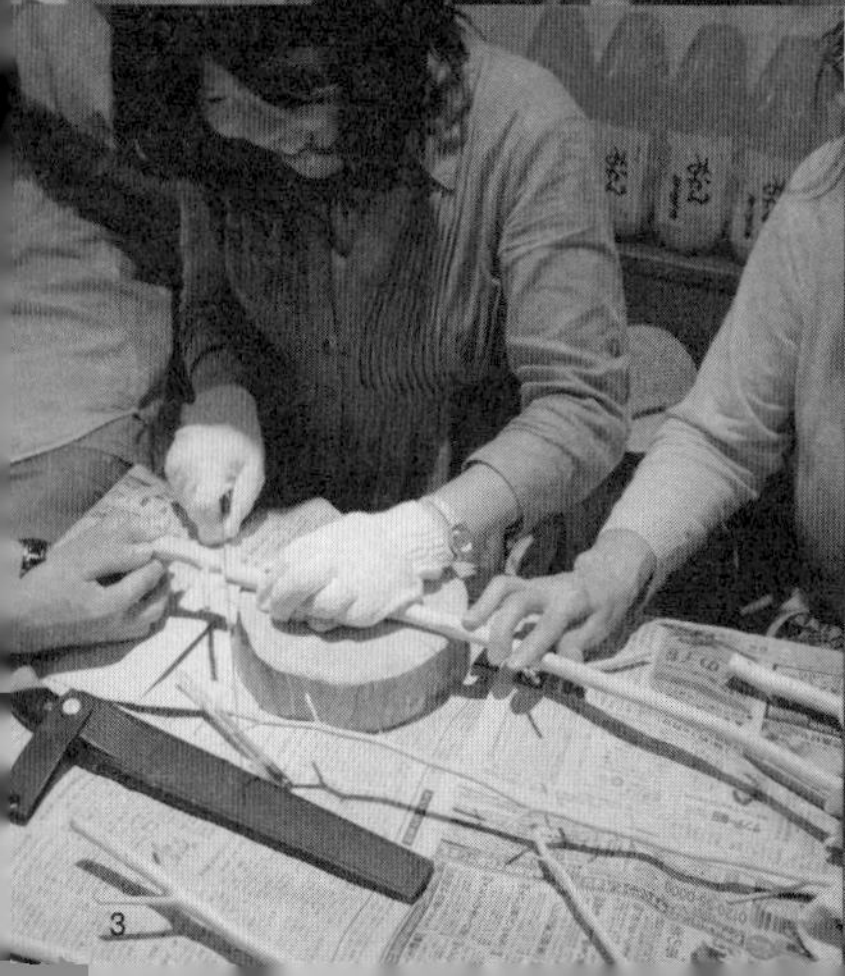
3

4

は新しい色を生み出すパレットのようだと感じる。

活動の原動力は、力強い緑

静岡県は浜松市天竜の山。林業女子会@静岡の設立から一緒に活動してきた本戸三保子がはたらいている。彼女は、林業の一人親方のところで作業員をしていて、2014年4月で、木こり8年目となる。

大学の後輩だと友人から紹介された彼女にカフェで初めて会ったとき、おとなしい第一印象とはうらはらに、意思の強そうな目をしているなと感じた。話していても楽しいし、林業女子会@静岡の立ち上げを通じて仲良くなっていった。

本戸たちが架線張り（丸太を運ぶためのワイヤーを張ること）をしていたときに、現場を訪ねたことがある。そのとき私は、ワイヤーのリードをつくるために、ロープを先柱（ワイヤーを結わう太い木のこと）に運ばせてもらった。先柱までは、ごろんごろんとした伐採木が行く手を阻む。百年以上生きた木を、スパイク付の足袋を頼りに登ったり降りたり、もっさもっさと乗り越えて進んだ。先に見えていたのは、先柱の木だけである。汗が滲んで視界がぼんやりしていたが、力強い緑を目指していることがとても嬉しかった。同時に、山ではたらいている本戸は、いつもこんな風に山と接しているのかと想像し、彼女の強さが少しわかった気がした。

女性がめずらしい、「林業従事者」の世界。親方との関係や、「女性」というだけで注目される大変

1. 林業女子会 @ 静岡の 2 周年記念イベントで挨拶する筆者（手前）と本戸（奥）／ 2. 静岡市内のカフェで開催したコースターづくりのワークショップ。カフェのカップに色々な木を立てて展示した／ 3.-4. 箸おきづくりや、イベント参加者が製材所を見学しているところ。参加者は、女子ばかり

さ、朝から晩まで山に篭ってはたらく厳しさ。彼女はそれでも、「山ではたらきたい」と言う。

「親方には、何度も辞めろと言われたことがありますが、必死になってついていきました」。

彼女のすごさは、林業への覚悟だ。私にこんな覚悟ができるだろうか。その姿勢にぐっと心を奪われ、これを発信していくことが使命だと感じ、1人でも多くの人に彼女の力強さを知ってほしいと思った。

本戸は、私が林業女子会@静岡やほかの市民活動をしていく原動力になっているのだ。

「2色」のワラジがライフワーク

中学2年のとき、テレビで「違法伐採」の特集を観た。違法伐採をする密伐者は、私の人生を決める言葉を放った。

「木は、神様が人間に与えてくれたものなので、いくら伐ってもなくならない」。

私はその言葉に憤慨し、「私はこういう人たちから森林を守るために生まれてきたのかもしれない。そうか、世界の森を守るために生まれてきたんだ」と思い込んでしまった。単純なのだ。

その想いを持ち続けたまま、大学は農学部へ進学し、森林科学を学んだ。体力のない私は、林業職には必須の「斜面を登り降りする」ことが苦手で、一度は林業とは違う業界に就職したが、結局、縁がめぐって林業の世界に戻ってきた。14歳のときに蒔かれた種が、あちこち行きながらものびのびと育っている気がする。

私の実家は林業に関係があるわけではないし、静岡は縁もゆかりもない土地だが、静岡県の林業職員となった。林道・治山工事を担当して山の魅力や恐ろしさを知り、林業振興課で木材に携わり、林業の魅力に様々な角度から触れてきた。一方で、市民活動ならではの、草の根的な発信にも大きな力があると知り、週末は、林業女子会@静岡を中心に活動している。

迷いながらも「行政の立場も、市民レベルからの発信も大切」と気づき、林業のために自分ができることをやっていこうと、足の裏にキュッと力を入れて走っている。

キラキラした未来

「資する」という言葉が好きだ。疲れたり辛かったりしても、「資する」という言葉を心に描けば前向きになれる気がする。今の私にできることは、「林業の世界で生きる人の懐に入り、林業の魅力を発信すること」だ。2年以上毎日書いているブログを3年まで続けて、書籍というかたちにするのが今の目標で、大きな挑戦。私の力でどこまでできるのかはわからないが、前を向いて元気にやっていきたい。それが、私にとっての「林業に資する」ことだと思っている。

目下の願いは、林業女子会@静岡のメンバーがもっと増えてほしい、ということ。林業に興味を持つ女子が増えれば、生活のなかにもっと木が溢れて木に触れる人が多くなり、社会全体がやさしくなると思っている。女子が林業に関わることで広がる未来は、きっと明るく、なめらかなものだろう。そんな未来への小さな挑戦を積み重ね、私の毎日は、林業一色。でも、とてもカラフルで、キラキラしている。

森で育てる人

西村早栄子

（にしむら　さえこ）NPO法人智頭町森のようちえんまるたんぼう代表。１９７２年東京都大田区生まれ。１９９４年東京農業大学林学科卒業。１９９６年琉球大学大学院修士課程修了。１９９９年京都大学大学院博士課程修了。大学在学中にマングローブの研究に興味を持ち、大学院生時代に１年半ミャンマーへの留学を経験。２００３年夫の出身地である鳥取県に移住し、鳥取県庁に入庁。２０１２年退職。２００６年仕事で出会った智頭町に惚れ込み一家で移住。２００９年仲間達と智頭町森のようちえんまるたんぼうを立ち上げる。中学生を筆頭に３児の母。

杉の木片に水を引き、笹舟を流して遊ぶ子どもたち（撮影：熊谷京子）

この冬一番の寒さを迎えた朝、山に向かう途中で子どもたちの歓声が上がった。アスファルトの道が凍っていたのである。森の入口で保育士と子どもたちが小さなスケートリンクを思い思いに滑り出し大騒ぎだ。スーッと上手に滑る子、ツルリと滑って転ぶ子、皆笑顔である。毎日通う森は1日として同じではない。昨日は凍っていなかった道が、今日は凍っていたりする。子どもたちは毎日森に通いながら、空気だって水だってだんだん冷たくなっていくのを、そして木々の葉が色付き散っていくのを、子どもの頃に最も発達すると言われている五感を通して全身で感じているのだ。

■日本の山村で〝森のようちえん〟

ところで「森のようちえん」と聞いてどのようなものを想像されるだろう。森の中にポツンと山小屋のような園舎がありその周りで子どもたちが遊んでいる……といったものを想像されるだろうか。しかしまるたんぼうは少々違う。昼食も、着替えも、トイレだって、1年中森の中。森そのものを園舎に見立てた活動をしている。だからもちろん「ここまでが園舎」ということはなくて、森全体が〝幼稚園〟なのだ！

私たちがはじめた「森のようちえん・まるたんぼう」は面積の93％が森として知られる、鳥取県・智頭《ちづ》町《ちょう》で展開している。町内に14ヶ所の拠点の森をおいているので、森というよりも、〝森の町〟全体を園舎に見立てて活動しているとも言える。

都市近郊の森林公園や町周辺の里山で活動を行う森のようちえんが多いなか、まるたんぼうは子どもたちの活動する川に普通にイワナが住み、ちょっと奥に分けいれば木の幹に熊の爪痕があるような〝リアル〟な森で活動する森のようちえんなのだ。当時は鳥取県の林業職として勤めながらも、想いあって、このような園を２００９年の４月に仲間たちと立ち上げた。

まるたんぼうの春夏秋冬

そもそも森のようちえんとは、50年代にデンマークで１人の母親が「わが子を森で育てたい」と、近所の子どもたちと一緒に森に通いだしたのが始まりと言われている。その活動はデンマーク国内や周辺国に広がり、国民が森に高い親和性を示すドイツで爆発的に広がった。日本でも90年代に活動が紹介されてから少しずつ広まっていった。現在２００近い園が活動しているとも言われている。

春、入園したての3歳児さんが、お弁当と水筒、着替え一式が入ったリュックを背負い、園からプレゼントされた熊鈴を鳴らしながら、おぼつかない足取りで森の中に入っていく。一斉に咲きはじめた花に歓迎されながら、慣れない園生活を開始する。

不思議なもので、入園当初は手が汚れたり服が濡れたりするだけで大泣きする子どもたちも、その子その子に合った興味（それは棒や石や花や虫）が見つかると、段々とどんな子でも森での生活を楽しみだす。まるたんぼうで心強いのは、なんといっても入園して1年、2年経つ先輩たちの存在だ。お母さんが恋しくて泣いても、木の根につまずいて泣いても、小さな先輩たちが近寄ってきて慰めてくれる。先輩たちも自分が入園したときに同じようにしてもらったからだろう。また、徹底して見守られることで、子どもたちは好きなことに没頭し、経験を通して自分の限界を知る。開園後5年間で蜂に刺された以外森の活動で病院のお世話になったことはない。

雨の日だってもちろん森だ。上下ともレインウェアに包まれて、リュックにカバーを掛けて森の中に入る。お弁当のときのために〝あずま屋〟のある森に出掛けるようにしているが、それ以外は森で過ごすという活動内容に変わりはない。子どもたちは水が大好きだ。そここここにできた水たまりや葉っぱにできる雫、樹冠から溢れる雨つぶのシャワー、雨に濡れた木々の香り、あちこちから出てくるサワガニ等の生き物たちに彩られ、子どもたちはむしろ生き生きとしているようにも見える。

夏になれば川遊びの日々となる。智頭の川は夏でも驚くほど冷たいが、子どもたちはお構いなしで全身水に浸かる。段差のある流れのきつい場所では男の子たちがパンツに水を入れて大騒ぎする。浅瀬では周りから集めてきた石で囲いをつくって小魚を捕まえて入れたりする。保育士が即興でつくってくれた釣竿で釣りをすることもある。うっそうとした森のなかの川面に、木立と子どもたちの真剣な姿が映る。

秋になると、標高1255mの那岐山《なぎさん》に登る。実はまるたんぼうでは、この秋の那岐山登山を1年の節目としている。普段は年齢分けへだてなく活動しているが登山では違う。学年別に、各学年とも目標まで皆で助け合って登ることを大切にしている。この登山が毎年様々なドラマを生みだす。登山を終えると子どもたちは一回り成長し、仲間たちとの絆も深まり、より重みを増すのだ。

冬の森にはかなりの雪が積もる。背の低い子どもたちは雪が深いとき歩くのも大変だ。全身をスキーウエアとスノーブーツに包まれて、森に挑む。森に着くと子どもたちは時間を忘れて雪遊びに没頭する。まるたんぼう名物は、山の斜面をそのままダイナミックにお尻で滑り降りる〝斜面滑り〟だろう。子どもたちが選ぶ斜面はちゃんと少し開けたところで、岩などが飛び出ておらず〝安全〟な場所だ。かなりの高さから滑り降りても大笑いしている。ひとしきり遊んだら水分補給に〝つららアイス〟も美味しい。雪の森をお散歩しながら、動物の足跡を見つけたり、葉っぱに積もった雪をふるい落としたり、洞窟探険したり、時に鹿の角や骨を拾ったりと、冬の森でも豊かな体験ができる。

■「おとなはいいよ、子どもだけ」

おとながなんでも先回りしがちな昨今の風潮のなかで、「自分が見つけた！」「自分でできた！」という喜びや感動を、子どもたちの手に握らせてあげたいと思っている。山では「なぜ？」とか「どうしたらいい？」と、自分で頭を悩ませる子どもたちの姿がたくさんある。週1回のクッキングの日、お味噌汁の鍋を火にかけるときのこと。年長の男の子と女の子が燃え盛る火にお鍋をどうやってかけるか、2人でじっと悩んだ末に、近くに落ちていた1本の枝をお鍋の両方の取手に架け渡して、協力して運ぶことを思いつく。子どもたちはこんなふうに、気づけばおとなが考えるよりも、いや考えもしないアイデアで見事に解決していってしまうのだ。そうやって、子どもたちは益々自信を持ち、なんでも自分たちでしようとするようになる。そんな子どもたちを見守っていると、子どもに任せてしまったほうが、大人もずっと楽でおもしろいことに気がつく。

子どもたちの「今やりたい！」「今知りたい！」におとなたちが徹底して寄り添う。それが日本の森の

1. 朝の会が終わり、さぁおさんぽに出発！／2. 冬の日の朝の会の様子／3. サトイモの葉で「おばけだぞ〜」／4. 中原ふれあい夢来（むら）にて。右が筆者（1－3：撮影　熊谷京子）

1

2

3

4

ようちえんのもうひとつの大きな特徴だ。そして、そんな子どもたちの姿を見て保育者や保護者も子どもの力を信じるということを〝見つける〟のである。

なぜ森のようちえんなのか？

私たち一家は森の町智頭町に憧れて、２００６年に旦那の実家がある鳥取市から移住してきた。〝都会〟でなく〝田舎〟で、子どもたちを逞しく育てたかったのである。

大学院生時代、ミャンマーという東南アジアでも最も貧しい国のひとつに留学したとき、研究よりなにより、現地の子どもたちの姿が印象に残った。彼らは貧しいながらも、逞しく、生き生きと育っていた。帰国後、直ぐに子どもを授かったこともあり、日本の子育ての常識に強い違和感を覚えた。これだけ豊かで衛生的な日本において、子どもたちはさらに安全最優先で色々な意味で過剰に保護されているのである。ちょうどその頃、友人が行く先に困って私に送ってきたミズナラの苗。ベランダでミミズの糞土（栄養たっぷりである）で育てたというその苗を見て私は息を呑んだ。ヒョロヒョロと背丈だけは伸び、いかにもか弱そうなのである。庭の苗畑に植え替えたのだけれど、やはり数日で枯れてしまった。その苗と日本で育てられている子どもたちが重なった。

森のようちえんを知ったのは1冊の本との出会いだった。たまたま新聞で「幸福度世界一はデンマーク」という記事を読んだあと、書店でふと目に入ったのが「デンマークの子育て・人育ち」（澤渡夏代ブラント著）という本。本には資源に乏しく貧しかったデンマークが〝人こそ資源〟という、経済第一な日本と正反対な考えに基づいた高福祉国家として成功したことが書かれていた。この本のなかに〝森の幼稚園〟のことが紹介されていたのである。毎日森で過ごす森の幼稚園。子どもたちが毎日森の中で泥だらけになって遊ぶ姿を想像した。

智頭町移住のタイミングは、偶然第2子の出産が重なったのもあり、あこがれの田舎での子育てを満喫するべく、育児休業を2年間取った。この2年間は、私の想像した以上に心身ともに充実した日々だった。あこがれの古民家暮らし。そして後にまるたんぼうの拠点となる〝山〟も購入。休日は飼い犬を連れ家族で時々その山に通い旦那の薪割りを手伝い、平日は歩いて5分で森が広がるような集落で毎日息子を連れてお散歩した。ご近所さんからは新鮮なお野菜や山菜、手づくりこんにゃくなどをいただいた。広々とした庭で布おむつを干すときになんともいえない幸福感に包まれた。

都会で子育て中の友人や妹たちが遊びに来ては、口を揃えて「私もこんなところで子育てできたら！」と言うのを耳にして、むくむくと「私1人がこの様な大満足の子育てをしているのはもったいない！　情報発信をして山村での子育てが選択肢のひとつになれば」と思うようになった。

「この智頭町に憧れの〝森の幼稚園〟をつくれば、同じような子育てをしたい人が集まってくるかも！」という思いに至るまで、それほど時間はかからなかった。

日本こそ森のようちえん王国！

まるたんぼうはおかげさまでこの春6年目を迎える。私は学生時代からずっと林業の勉強をしてきたので幼児教育・保育といったことは、自分の子育てを通してしか知らない。でもだからこそ、新鮮な目でこうした挑戦を続けていられるのだと思う。

毎年春になると大きな期待と少々の不安を抱きながら園児とその家族がまるたんぼうの仲間入りをしてくれる。開園当初にテレビドキュメンタリーが放映された影響もあり、最近ではまるたんぼうに子どもを預けるために県内外から移住してくる人たちも少なからずある。智頭の素晴らしい森と出会い、豊かな子育てをする仲間が増えていくのはとても嬉しい。こういうお母さんやお父さんたちと豊かな森の中で、子どもたちの育つ力を信じて、一緒に子育てをしていきたい。

これからも日本中にこの活動が広がっていくようなお手伝いをしていきたいと思っている。そして北海道のエゾマツ林からも、沖縄のやんばるの森からも次世代を担う元気な子どもたちの声が聞こえてくるようになれば、日本の将来も明るいと思う。国土の67％を森林に覆われている日本こそ「森のようちえん王国」になれるのではと密かに思っているのである。

※日本では幼児の自然体験や幼児教育として〝森のようちえん〟という表記を行っていますが、これは文科省の認可を受けない活動が多いため、認可を受けている〝幼稚園〟と使い分けるためです。

森に通う人

堤　清香

（つつみ　さやか）林業女子会＠東京に所属。１９８５年三重県生まれ。２００９年滋賀大学経済学部卒業。物流企業に勤務。日本の林業の実態を知ったことがきっかけで、実家の放置林の手入れを始める。社会人２年目で三重の森林施業団体〈森林（もり）の風〉に入会。休日を利用して活動に参加し、一から森の仕事を学ぶ。現在は都内に住み、林業女子会＠東京の一員として千葉県の森整備やイベント企画など精力的に活動している。

森の音楽会 in 林業女子会の森

毎朝満員電車に揺られ、私は都内の職場まで通勤している。東京都千代田区のビルが立ち並ぶ街を、スーツにパンプスを履いてアスファルトの上を歩く普通の会社員は、平日の私の姿。

休日の姿は、つなぎにヘルメット、腰にはテノコ、そしてスパイク付き地下足袋。大切な仕事道具はノートパソコン、ではなくチェンソーだ。山仕事姿に着替えて、千葉県の森へ繰り出す。両方の私の姿を知る友達は、この山仕事姿のほうがよっぽど似合うと言う。深読みはせずに、一応褒め言葉と受け取っている。

■平日はサラリーマン、週末は林業

普段は林業とはまったく関わりのない仕事をしているが、休日に森へ入って活動をする。自分で「週末林業家」と名付けた。「林業」というと、言葉が硬くて敷居が高い気持ちがするが、普通のサラリーマンでも、実は地球で生きていくうえで切っても切れない縁にある林業と関係を持てる今のライフスタイルが気に入っている。せわしなく流れていく日常のなかで、私の落ち着ける場所が森の中なのだ。

休日には、よく明治神宮や新宿御苑の散歩に出掛ける。憩いの場としてつくられた森だ。巨樹が結構植わっていて見ごたえがある。動物園の動物が野生にいるより長生きなのと一緒で、木も公園に植樹された木などのほうが比較的長生きで大木になりやすいと聞く。

新宿御苑には日本で最初に植えられた樹齢約１３０年のアメリカ原産のユリノキがある。

広い芝生のなかに巨木が３本そそり立ち、走り寄って、幹周り３・６ｍの幹に触れて、また30ｍほど離れて眺める。長い年月をかけて空に向かって伸びた樹高と、周囲に大地に強く根を張った力強い姿を見てほれぼれする。地上10ｍの高さから枝が地面に向かって下がって、木の下にいるものを守るように広がる。その根元にいると、都会の喧騒を忘れて気持ちがやすらぐ。都会でも、木とつながれる場所をめぐっている。

林業女子でつくる森

千葉県市原市東国吉の森林。私が所属する林業女子会@東京の主な活動場所として、2ヶ月に一度訪れている。私たちの活動に関心を持ってくれた地元の方のご厚意でお貸しいただいている1万㎡の森だ。2012年の11月に杉・ヒノキの人工林の手入れを始め、NPO地球緑化センター「ふれあい千葉」の方々の指導のもと、間伐や下草刈りなどの作業を毎回行っている。整備活動以外にも、皆が座るための椅子とテーブルづくりや、竹細工づくりなども楽しんでいる。秋には地元の方々を呼んで森の音楽会を開催した。

林業女子会@東京は「次世代に豊かな森と暮らしを引き継ぐ」を活動理念として、木材利用や森林活用、林業振興に向けて、メンバー各自の「好き」「楽しい」という思いを共有するスタイルで企画を実行している。林業女子会@京都から始まり、現在は栃木、東京、静岡、岐阜、石川、兵庫、愛媛、長崎と全国9県に広がっている。それぞれの地域で活動内容は様々だが、女性の力で林業を盛り上げたいという気持ちは共通だ。

きつい・危険・給料が安いといういわゆる「3K職場」や男社会・高齢化といった林業のマイナスイメ

ージを、女性の元気とアイデアでプラスに変化させて、もっと身近なものにしたい。

メンバーは10代から50代と年齢層も幅広く、実際に森や木に関わる仕事をしている人もいれば、普段はまったく別の職業を持っている人もいる。チェンソーの免許をとって間伐などの現場作業をしたいという人もいるし、木工をしたい、色々なイベントを企画したいという人もいる。それぞれの興味と得意分野によってできることは無限大だ。集まる人のバックグラウンドが違うほど、色々なアイデアが出て楽しい。

林業との出会い

7年前、私は大学3年のときに1年間、ワーキングホリデー制度を使ってニュージーランドで過ごしたことがある。そのときに出会ったアジア人の友達から、「日本に輸出するために、私の家の近くにあった森は丸坊主になってしまった」と聞いた。そのとき初めて、私は日本が外国から木材を大量に輸入していることを知ったのだ。

私が生まれ育った場所は、三重県の北中部に位置する亀山市。1年半前、仕事の転勤で東京に来る前まで住んでいた。市の面積の半分以上が山林で、見渡す山々には木がたくさんあった。大規模に伐り出しているところも見たことがなかったので、外国から木を輸入しているなんて実感はまったくなかった。本当にそうなのか？　本当だとしたら、日本にはたくさん木があるのに、なぜわざわざ海外の森から持ってくるのだろう？　どんどん疑問が沸いてきた。

その疑問を解決するために日本の森に関する本を読んだ。日本は温暖で雨の多い気候に恵まれ国土の7

割が森林という世界有数の森林大国。だが木材の自給率は3割に満たない。7割は東南アジア、オセアニア、北米などから木材を輸入している。そして戦後植林をした後に放置されている森林が日本全国にたくさんあることを知った。日本全体の1年の木の成長量は、国内の需要量を超えているので、計算上は国内の木で完全自給も可能なのに、国産の木は使われず、時には海外の貴重な原生林から伐り出した木を使っている。大きな矛盾があると感じた。

実家の山林が、日本林業の縮図

なにか自分にできることはないかと考えていたときに、ふと実家の山林のことを思い出した。そういえば、確か実家にも代々受け継いだ山林があったけど、今どうなっているのだろう。父に確かめると、まさに実家の山林が放置林と化していたことが判明した。祖父が元気な頃は山へ入っていたが、父はサラリーマンとの兼業で、林業になかなか手が回らず、なかには40年近く入っていない山林もあった。たまたまタイミング良く父の定年退職の時期と重なり時間ができたので、一緒に山林に入ることにした。父もまさか、娘が山仕事をしたいと言うとは思っていなかったそうで、とても喜んでくれた。

実際山林に行って見ると、どこから手をつけたらいいのかわからないほど荒れ放題だった。10年ほど前に一度枝打ちをして以来なにも手入れしていなかったので、笹などの藪になっていて歩ける道がなく、手で掻き分けて進んだ。昼間なのにあまり森の中には光が入らず、暗い。植林したあと、ろくに間伐や枝打ちをしていないので、木と木の間隔が狭い。本来だともっと太く成長しているはずの木は、たくさんの木と光を奪い合ったため、高さはあっても幹は両手でつくった輪の中に入る細さだ。遠くから見ると自然豊かだと思っていた地元の森は、中に入ってみると荒廃していた。

■楽しいから、山仕事をする

父と山仕事をするようになってから数ヶ月、もっと林業のことを勉強したいという思いや、もっと多くの人と一緒に作業をしたいという思いが芽生えてきた。そこでインターネットで調べていると、近くに森林施業のＮＰＯ団体があるのを知り、連絡を取った。認定ＮＰＯ法人「森林《もり》の風」はＫＯＡ島崎森林塾や速見林業塾を受講したメンバーが集まり、三重県北部の人工林で施行を行っている団体だ。ここで施行の基礎や色々な木の知識についても教えてもらうことができた。全国の多くの森林ボランティア団体と同様に、若者の会員不足に悩む森林の風は、山仕事をしたいと志願した当時25歳の私をもの珍しく思いつつも、一からしっかりと指導してくれた。

この出会いをきっかけに、どんどん山仕事の魅力に引き込まれていった。きっかけは問題意識だったが、実際山に入って作業をすると、その作業自体がとても楽しかった。大きく三つの楽しさがある。ひとつは、体を動かして仕事をすること。普段の仕事はほとんどデスクワークなので運動不足だったのが、汗をかいて夕方まで作業をするとストレス解消になり、全身運動なのでシェイプアップにもなる。二つめは、皆で協力して成し遂げる楽しさを味わえること。丸太を一緒に運んだり、アイデアを出し合ってかたちにしていったりするのは人と共有できるからこそ楽しい。三つめは、成果が目で見

1. 千葉県市原市にある林業女子会@東京の森で。間伐材の皮むき／2. 道づくり活動前（朝）／3. 道づくり後（昼過ぎ）作業風景／4. 作業の合間に大きな杉皮を囲んで一休み。左端が筆者

1

2

3

4

てわかること。1日作業すれば、帰る頃には驚くほど違う風景になっている。今日も1日頑張ったなぁと達成感を味わうことができる。

過去から引継ぎ、未来へつなげる

私の趣味は山登りで、緑のトンネルを歩いている時間と、頂上からの景色を眺めながらのお弁当が至福の時間だ。頂上から見える景色は、私が生まれるずっと前からの長い年月をかけてつくられたものだ。もし昔の人が乱伐を繰り返していたり、価値を見出して保護してくれていなかったりしたら、今のこの景色はないのだ。景色の美しさに感動を覚える度に、昔この景色を守ってくれた人たちに思いを馳せる。

実家の山に植えられているのは、ほとんどがヒノキで、5年前に92歳で亡くなった祖父がまだ若い頃に祖母と一緒に植えたものだと父から聞いた。今から40年ほど前に、元々あった松の木々が虫の被害に遭い、ほとんどが枯れてしまった。その跡地に、苗を買って植えたのだという。立派な木が育つには長い年月がかかる。収入が得られるような広い土地ではないけれど、「孫の世代で家を建てられるように」という思いで苗を植えてくれた。その思いがずっと木に宿って、まだ祖父の気持ちが生きているように思う。

私はこの木々を祖父からの時間を超えたプレゼントだと思っている。だから大切にしたい。祖父が手植えした苗は、見上げても梢が見えないほど大きく育った。ありがとうと受け取って、次へのバトンをつなげたい。

同じく地元の三重県にある伊勢の神宮林は、大正時代に決議された森林計画を現在も引き継いで森を管理している。木曽の天然林は江戸時代から「ヒノキ1本、首ひとつ」と言われるほど厳しく保護されてきた。誰かのお陰で今森が残り、私にこの風景を見させてくれる。顔も名前も知らないけれど、感謝の気持ちがわいてくる。この気持ちを、未来の世代にも感じてほしい。私も100年後の未来の人に、豊かな森を残してくれてありがとうと思ってもらえるうちの1人になれたら嬉しい。

東京にいるからこそ見えるもの

私は社会人になってから週末を利用して地元の三重の山林へ入り、整備活動をするようになった。7割を森林が占める日本の国土で、守っていく大きな力になるのは地域の住民だ。自分の住む町の森に責任を持ち、皆が住んでいる場所を愛するようになったら素晴らしい。私は地元を離れた今でも、自分の原点である地元の森を忘れない。東京に住む今、直接整備に行くことができないのを歯がゆく思うこともあるけれど、整備を必要としている森は日本全国たくさんある。東京に転居して、見慣れた山の風景がなくなって、はじめは「週末林業」はできなくなると思った。しかし縁あって林業女子会に出会え、次は関東の森で、仲間と一緒に楽しく活動ができている。こういった林業の持つ「森を育てる」という楽しさを感じることを通して、都会暮らしの人が森と関わっていければおもしろい。

森を探る人

井上博成

（いのうえ　ひろなり）京都大学大学院生。１９８９年岐阜県高山市生まれ。２０１２年３月　立命館大学経済学部国際経済学科卒業、２０１３年３月立命館大学大学院公務研究科修士課程中退、同年４月京都大学大学院経済学研究科修士課程入学。現在は、地元高山市をフィールドワークの舞台として、再生可能エネルギーや森林資源活用の研究を行っている。

高山の森林。改めて目を向けた地元は再生可能エネルギーの最高のモデル地区だった

「小規模な木材のエネルギー利用の促進」と「森林信託事業」、この二つの事業こそ、今私が地元高山で実践したいことである。木材を使う側ではなく、使うまでの過程、一般に林業といわれる一連の事業のなかでもとりわけ山林の管理と伐採という二つの行程を、権利関係のレベルから山主の気持ちに沿う形で、かつ山林にとっても適切な管理となるようコントロールし、そこから先に生まれるバリューチェーンの構築もトータルで考えたい。残り4年の学生生活は地元・高山だからこそできる研究、そして実践をとことんやりきると決めた。

自然エネルギー利用の実践と研究

私は今、京都大学大学院経済学研究科修士課程に所属し、環境経済学を専攻している。岐阜県高山市で、再生可能エネルギーを活かした地域の在り方について、高山市役所環境政策推進課の方と共に、大学や地元の企業、また研究機関ら産官学の連携のもと協議会を設置し、そのなかで実践研究をさせていただいている。

高山市で発足した再生可能エネルギーに関する協議会のメンバーには京都大学大学院経済学研究科教授の植田《うえた》和弘先生、ISEPの飯田哲也《てつなり》さん、富士通総研の梶山恵司《ひさし》さん、エネルギー戦略研究所の山家公雄《やまかきみお》さんといった有識者をはじめ、地域で再エネ促進にむけて頑張る事業者たちが集った。日本一といっても過言ではない強力なメンバーが終結し「自然エネルギー利用日本一の町づくり」の実現にむけて、高山市が日本中の中山間地域のモデル地域となるべく、ようやく今年、大きな一歩を踏み出すこととなった。

このキッカケをくれたのは、実家の家業、「井上工務店」だ。ある日、木材加工の手伝いをしながら、手元の高山市の森林統計をみていたときのこと。いつも「大量に使っているなぁ」と感じていた木材量のなんと3万1400倍の材積量の木々が高山にはあることを知ったのだ。高山屋台や飛騨牛でも名を馳せる日本有数の観光地でもある高山だが、それに負けないくらいの日本一の森林と水、多くの地熱、そして面積がある、世界モデルも不可能ではない最高のモデル地区のひとつであったのだ。

「薪ストーブ0円スキーム」

高山市との共同研究でやりたいこと。それが「小規模な木材の熱利用」に関する実践だ。大規模な木質バイオマス事業ではFIT（固定価格買取制度）が大きな後押しとなり、日本各地で計画がなされ、一大ブームとなっている。未利用材（曲がり、小径のため未利用のまま林地に残された木）の促進に必要と考えられる大規模なバイオマス発電における地域自治の観点からは、岡山県真庭市の取り組みが注目されている。一方、小規模な木材循環もまた必要である。木材のエネルギー利用は、最後に出るバーク（樹皮）でも木屑でも、トータルで熱として活用するカスケード利用に本質がある。ペレットやチップなどが注目されるなか原始的な取り組みではあるが、薪というのもまた、ひとつの大きな熱源になると考えている。

私は「エネルギーを通じた地域の自立」とか「地域でのエネルギー経営」といった視点を通じた「エネルギー自治」を大事にしたい。つまり地域のなかで、森林資源を通じて、化石燃料や他地域の資源に頼らないエネルギーの生産を行い、当然しっかり地域内で利益を出してお金を循環させていく。自分の地域は自分で治めるんだという高い意識を皆でもって地域を変えていく、そんな姿が大切であると考えている。

そのためには、当然市民を巻き込んだ実践が不可欠であり、現在「薪ストーブ0円スキーム」という、薪ストーブ導入の初期費用を0円にする仕組みを実現させるつもりだ。初期投資が高いといわれる薪ストーブや、針葉樹から広葉樹、また割り方ひとつまで嗜好が異なるといわれる薪において、それらをトータルでマネジメントすることで、資材の供給コスト削減による地域内の潜在的な需要の発掘を試みている。このアイデアは長野県飯田市のおひさまファンドが実践した「太陽光0円スキーム」からヒントを得ている。長野県飯田市のおひさま進歩エネルギーでは、太陽光発電を無理なく家庭の屋根に導入するため、初期投資を0円にして9年間の定額支払い後に譲渡するというシステムで、民意の開拓とビジネスの実現を可能にした。この発想を木材に転用すると、多くの付加価値が生まれる。薪に関しては、山で木を伐り倒し、運搬し、割り、乾燥させて家庭に輸送するまで、薪ストーブに関しても、製造メーカーから取り付け業者、また煙突工事にリフォームと、広くビジネスの裾野があると考えている。

現在大きく注目されている木質バイオマス発電に比べれば小さな規模ではあるが、地域の人が地元の資源で「暖」をとれる生活をつくりあげる、10万人規模のモデル地区となれば、各地に応用可能なひとつの地域自立モデルとなるはずだ。これを実現させることが、私の研究・事業構想の第一歩だ。

森林信託会社の立ち上げ

さらにもうひとつ。今私は、「森林信託」という山林管理のひとつの手法に関しても研究を行い、同時に森林信託ができる会社組織の立ち上げに関わっている。冒頭でも述べたとおり、木材を伐り出し、製材して届ける過程にある、山の権利関係のレベルから山主の気持ちに沿う形で、かつ山林にとっても適切な管理となるようコントロールし、山のバリューチェーンを構築したい。

そこで登場するのが「信託」という手法である。森林信託とは、簡単に言えば所有者が有する山林の地上権を信託会社に移す、つまり相手（ここでは信託会社）を信じ、山の権利ごと託し、管理を任せるという行為である。この行為の設定を請け負い、自分の山が財産としての価値を維持・向上させられているかを確実に管理できる会社（信託の管理会社）をつくろうという取組みだ。この森林管理の事業スキームに関する研究をしつつ、同時にこの会社の立ち上げに関わりながら活動をしている。できるだけ早い実現を目指して、財務局の審査や資本増強などの手続きを踏んでいる最中である。

そしてこのキッカケをくれたのも、実家の家業だった。祖父からはじまった家業は垂直統合型の形態で、山の伐り出しから、その材を製材加工し、大工さんが墨付けし、刻みを施し、最終家1軒を建てるといった流れの会

井上工務店の面々。研究や実践の大きなキッカケをいただいた

社である。そして更に、この一連の行程を不動産や金融の力でマネジメントするといった、資金運用業務までをトータルで行っている。

林業に付加価値をつけて、資産運用までを一手に引き受ける実家の工務店のビジネスモデルが、山のサプライチェーンに対して強烈なイメージを湧かせる大きな背景であった。現在の林業は、山側で問題になっている遺言継承問題や集約化の問題、また山林に対する無関心の問題と併せて、山を資産としてしっかり活用し、持続的な林業として確立することが急務だ。そのための出口が欠かせない。そして、出口を含めたトータルマネジメントこそ、現在山で起きている問題をも同時に解決しうる。信託会社は、その手段のひとつを提供できるはずだ。

研究は、徹底的に足で稼ぐ！

高山でフィールドワークをしようと思った最初の大きなキッカケは「高山に大学をつくりたい」という思いであった。高山には大学がない。同世代の友人たちの多くは高校卒業後に高山を出て戻ってこない。経済的な観点のみならず、街の雰囲気や文化をも成熟させる〝大学〟を高山につくりたい。そんな想いを抱いていたとき、京都大学名誉教授である池上惇先生と出会った。文化政策やまちづくりを主眼にされ、「市民大学院」の設立に尽力されている方だ。私が地元に大学をつくりたいという思いを伝えると、親身に話を聞いてくれ、よく食事に連れて行っていただいた。

「自分自身が動いていくことで、生まれる論文には重みが出る」

先生からすれば何気ない一言だったかもしれないが、この言葉が今の自分の研究活動を支える原点になっている。そして先生の取り組まれている「研究をしながら企業、地域を経営する」という地域の姿は、まさにこの時に教えてもらったものである。「学生」でいられる4年間に、研究もビジネスも本気で頑張りたい。学生だからこそ足で稼げるだけ稼いで、林業にイノベーションを起こす現場の研究に携わりたい。今でさえ昼夜分かたず予定がパンパンなのに、おそらく研究者になれば、現実として企業を動かすには相当の体力と能力が必要だろう。だからこそ、「学生」というこの特殊な環境を存分に活かして、徹底的にどちらもやり抜きたい。日々京都と高山を夜行バスで往復し、東京、長崎、熊本、北海道、ドイツ、オーストリア……現場を視るためならどこにでも行く。

■地域の一員として

そしてもうひとつの出会いは本書の編者でもある古川大輔さんだ。林業や製材業、工務店業や不動産、そして金融と、活発な事業展開をする父の代わりに参加した、林業・製材強化セミナーで講師をされていた。当時政治家になり大学を誘致したいと思っていた私に「それって手段であって、

目的じゃないよね」と一言。私にとっての目的はなんだろうとそのとき初めて考えた。気づけば、政治家になりたいという形ばかりの目標が、自分のなかでのお題目になってしまっていた。そして改めて自分と向き合い、出てきたものは「地域」だった。

高山でのフィールドワークの実践は、様々な〝仮説〟を立てながら、それを証明していく「参与観察」を行うためだ。いわゆる研究対象となる地で、数ヶ月から数年にわたってその地の一員として生活し、対象地を直接観察し、そこで得た知見を通じて『再生可能エネルギー、とりわけバイオマス発電による地域経済への波及効果』に関する修士論文を書く予定だ。

そんな地域との関わり方を示してくれたのが、現在、私の指導教官である植田和弘先生だ。大学院への入学が決まり、先生の研究室への配属が決まるや否や、「高山に大学をつくりたいです。どのようにしたら大学をつくれますか」と先生に尋ねたのが始まりであった。すると逆に先生から「どんな地域にしたいのか」ということを問われたのだ。

幾度の議論を通じて出した答えは、多くの資源を有する高山市において再生可能エネルギー事業を高山市と実践すること。地域の資源で地域自身が豊かになる。先生は、私の根本にあった問題意識をすくい上げ、大学をつくるという「手段」の先にある、私が思い描く地域の姿を見せ、再生可能エネルギー研究の道を示してくれた。それからすぐに高山へ戻り、次の日の朝、市民のために開催されていた早朝市長面談にて、國島芳明高山市長に、京都大学と共同で再生可能エネルギーの研究させてくれないかという思いを

左．オーストリアで視察した最新技術のバイオガス発電施設／右．若手再エネサミットでの筆者

伝えた。朝7時の市長室で突拍子もない提案をした学生と、現在のようなかたちで共同研究をしてくれている市長をはじめ高山市には、感謝してもしつくせない。

人との出会いのなかで見えてきた、「地域に関わるなにかがしたい」という思い。まだぼやけてはいるが、今はこのまま突き進むなかで見えるものを大切にしていきたい。そんな地域と向き合う今が、間違いなく「楽しい」のである。そして、私が今、本気で「学生」をやれているのは、その環境を与えてくれている、両親、祖父や祖母の存在と、井上工務店を支えている3人の叔父さんたちの理解があるからだ。したいことをさせてもらえる環境に感謝しつつ、大切にしながら頑張りたい。

実地と研究の両輪を

今年はいよいよ結果を見える化する1年だと感じている。信託会社の立ち上げ、「薪ストーブ0円スキーム」の実現、高山市での協議会を通じた研究の開始などである。それは研究においてもビジネスにおいても。実地と研究。きっとこれを両立させるには、体力的にも制度的にも、多くのことが整わないとできないだろう。それを体現していきたい。そして月並みかもしれないが、まずは高山が地域の資源を活かして自立でき、経済的にも精神的にも、内から湧き出るような力で溢れ、「スゴイッ!」って言わせられれば、最高だなと思う。

森を興す人

古川大輔

（ふるかわ だいすけ）森林再生、地域再生コンサルタント、㈱古川ちいきの総合研究所代表。国産材ビジネススクール、国産材ビジネスセミナー、Clubプレミアム国産材主幹。1976年新潟県生まれ、東京都出身。東京大学大学院博士課程中退後、㈱船井総合研究所、㈱アミタ持続可能経済研究所、㈱トビムシを経て2012年独立。木材産地のまちづくりから、森林ビジョン策定、流通整備、PRなどトータルなブランド構築を手がけ、各種経営支援を行う。共著書に『若者と地域をつくる』（原書房）。

明治時代に植林された100年以上の歴史ある林業地で、わたしの「森」、絆の「森」、これからの「森」を探す人びと

「日本の森林（林業）は、どうあるべきですか？」

私は仕事柄そう聞かれることが多い。しかし、決まってこう言う。「答えはないです。例えば『日本のラーメン業界がどうあるべきか？』とは誰も言わないでしょう。味噌、醤油、豚骨、細麺、太麺、つけ麺色々ある。自分たちの好きな味を希求し続け、自分たちのファンを作っていけばいい」。今回の著者27人は、自分なりの価値観を持ち、自分の「森」を尊敬し、自分の「森」との絆を深めている。

私の「しごと」

日本各地の森林・林業地域へ足を運び、年間２００日以上はどこかの山村地域にいる、そんなコンサルティング業務に携わって十余年。50ヶ所以上の森で、山村活性化、地域ビジョン策定、国産材産地ブランド化、林業・製材業の経営支援、新規事業化、事業再生、エネルギー・観光・教育分野までと幅広く森を「興す」ことに関わってきた。「活性化」「再生」という言葉は使い古された感もあるが、何のために「興す」のかといえば、それは日本の森の多様性や美しさを後世に残したいからである。

現在は、そのために経営コンサル業として、林業や地域にマーケティングという視点を添えて、ソトモノとして助言しながら共に汗をかくというスタイルで仕事をしている。

ある日の私。大阪難波から近鉄特急に乗って榊原温泉口へ。原木市場のY社長に車で迎えられ30分。三重県津市の旧美杉村という場所に来た。２０１４年初夏公開の林業エンターテイメント映画『WOOD JOB!～神去なあなあ日常～』のロケ地だ。施業現場、製材所、木工施設、森林セラピーロード、伊勢道の街並みを訪問した後、林業とマーケティングに関する講演と地域材の一貫体制を図るワークショップを行う仕事だった。この日も22時を過ぎる時間まで地域の方々と勉強会。いつもはお酒が一緒になるが、珍しくお酒なしで積極的なディスカション。林業家、森林経営者、製材業者、行政マン、林業女子たちと森の多様な可能性について討論した。こうした仕事を通じて知る日本の森に、私はいつも素直に感動するのだ。

日本の色々な「森」

森と言えばどんなイメージがあろうか。ブナ林広がる白神山地、屋久島などの千年屋久杉という天然の森深い森や広葉樹林の森もあるが、日本には、室町時代より人が手を入れて育んできた森もある。私が関わってきた森も色々だ。先人の知恵とたゆまぬ技術の継承の上に日本の茶室文化を支えてきた京都北山の森。木材を送り込んだ由来から大阪の土佐堀・白髪橋という名を残している高知嶺北の森。美しい曲線美を建築に生かしてきた山陰の地松がある森。木材流通と品質改善の結果として流通ブランドを生み出した東濃ヒノキのある森、信州松本平の風景をつくってきた唐松のある美しき森。農村地域の美観を生み出してきた兵庫播州の森、多摩川源流を守る東京多摩の森。「杉と長男は育たない」と言われる新潟で乾燥加工によるブランドを作り出してきた越後杉の人工林。日本三大人工美林といえば吉野、天竜、尾鷲の森であるが、吉野と天竜には明治時代の山林王かつ社会的教育者として著名な、西の土倉庄三郎（吉野郡川上村）と東の金原明善（浜松市天竜区）がいて、彼らの山林哲学がそれぞれの地で今も継承されている。尾鷲は、天竜地域に約10年先んじてＦＳＣ国際森林認証を取得し、芸術的で植生豊かなヒノキ美林がある。

また建築や木製品の世界で有名な日本三大（天然）美林でいえば、青森ヒバ、秋田杉、そして木曽ヒノキ。20年に一度の伊勢式年遷宮の御用材とされる木曽ヒノキ備林は日本の文化の象徴だ。また来年（２０１５年）、弘法大師空海が開創して１２００年となる高野山と、先の吉野と熊野の森は、紀伊山地の霊場と参詣道（世界遺産登録10周年）がある地域として山岳宗教とも関係が深い歴史がある。世界遺産に登録されたばかりの富士山の麓にも、林業地としての森がある。しかし今、日本の森のほとんどは、どこが所有の境界かわからず、植えたまま未踏で眠っている森が多い。そのなかで、想いがあり手入れを始めた美しき森がある。新たな挑戦者、資金支援のもと、明るく変わっていく森。森林セラピーのできる森や、薪やバイオマス資源としての森など次世代の森も増えてきた。

このように今まさに再生しようとしている森も、歴史ある森も、共通しているのは、森という「事物」にあるのではなく、そこに向かう「人」たちの存在である。代々山を守ってきた「人」、技術を継承をしていく「人」、右手にチェーンソー左手にノートパソコンといったIターンで新たにチャレンジしていく「人」、都会のビジネス経験を経てUターンで実家を継ぐ「人」。森は、熱くて頼もしく明るい彼らの情熱の所産なのである。

■「森」から「人」へ

幼少時代は東京都町田市で育った。当時の町田にはまだ里山の風景が残

Clubプレミアム国産材の経営者メンバーと共に。東京ビックサイトでのイベントにて。手前中央が筆者

っていて、裏山でクワガタを採り、小川でサワガニを採り、秘密基地を作って遊んだ。しかし高校生の頃、押し寄せる郊外開発の波に飲まれてその裏山は突然なくなった。山に所有権があることも知らなかった私は、「俺の裏山を返せ！」とただ悔しかった。

その憤りを土台に、大学では環境について学んだ。そこで学んだ森は、「二酸化炭素吸収機能、生物多様性、水源涵養等の多面的機能を有し、持続可能な地上資源、木材自給率20％……」うむ、眠い。2次情報ばかりで、リアリティがなかった。現場を知らぬことに悶々としていた2000年夏、たまたま見つけた1枚のチラシがきっかけで、国土庁（現国交省）の「地域づくりインターン」1期生（注：モデル事業を経て2000年に始動）として、奈良県吉野郡川上村へ行った。それが私の人生の転機となる。

そこは数百年の歴史のある「吉野杉」の主産地であり、吉野川の源流の村。山に生きるおっちゃんたちから吉野林業の話を聞き、間伐などの山仕事を経験し、村役場の業務も手伝い、夜は大いに酒を飲み交わした。インターン期間が終わっても彼らに会いたくて、バイト代を貯めては東京と川上村を何度も往復した。川上村は第二の故郷になった。その後博士課程に進んでからも全国の山村地域を廻り、さらに多くの人に出会った。東京育ちの私には彼らとの出会いは衝撃的で、「林業はきつい」というメディアの2次情報なんてそっちのけで山のライフスタイルを楽しんでいる、粋でイケてるアニキたちがかっこよかった。

現場という1次情報の世界に飛び込んだ者だけが感じられる、得られる価値こそが、森で「はたらく」おもしろさを知る術だ。自分の故郷である町田市小山町の森はなくなったが、この全国の森を守り、森を興す人になりたいと思った。28歳で、博士課程中退。遅い社会人デビューだった。

■森で「はたらく！」27人の共通点

本書の著者27人は、森が好きという気持ちと現在の社会に対する問題意識を人生の理念とし、事業ミッションを打ち立て利益を上げ、その利益を自分の暮らしや地域に再投資する生き方を実践している。森と関わるなかで、理念と利益のバランスを求める姿勢は、まさに「しごと」＝志事、仕事、私事だ。この志を携えた仕事が自分の生活そのものでもある。その人たちの共通点をまとめてみる。

1　自分軸（ローカルな1次情報とグローバルな2次情報との両方を熟知している）
2　時間軸（生きている時だけでなく、過去も、そして自分が死ぬ先も森を想う）
3　原体験（自分だけの経験があり、自分の「森」がある）
4　情熱（「好き（多面的な魅力）」と「憤り（社会への問題提起）」がある）
5　尊敬（地域独特の文化や先人の意思を心から尊んでいる）
6　利益と理念の両輪を実践（まずやってみる、動いてみる）
7　自分の言葉を持ち、豊かなキャラクターがある

森には牧歌的でノスタルジックな側面があるのは事実だ。しかし厳しい現実もある。森の恵みを活かすことや山林作業はそんなに楽なことではない。林業現場では瀕死の大けがを負う人や、実際に亡くなる人もいる。そんな現実と向き合う勇気。映画『WOOD JOB!』が密かに伝える「自立性」もそこにある。そ

の厳しさと人々の情熱が隣り合わせにあることで、森と人との絆は深く結びあっている。本来の私の仕事としては、森林ビジネスの市場性や動向について、数値として紹介すべき立場ではあるが、この書籍では、実体なき2次情報や教科書的な数字だけでは伝わらない森ではたらくワクワク感を感じてもらいたい。

森のこれから

今、森林と林業に関わる「コミュニティ」と「収益機会」の創造は、色々なカタチで広がりつつある。本書は林業作業だけではない27通りの、日本中には百通り千通りのスタイルがあろう。その世界に出会ってみたいとあれば、どこかの「森」へ飛び込み、自分の「森」を探しにいってはどうだろうか。それは山林所有者（相続者）、民間事業者、行政・団体職員、NPO、ソトモノ、ファンド支援者、ビジネスマン、立場はなんでもいい。そして、先人に学び、情熱をもって森に関わっていく〝若い〟輪がもっと広がったらおもしろいと思っている。〝若い〟とは年齢のことではない。小さな可能性を否定することなく、素直にそしてプラス発想で森と関わり、楽しく、厳しく、おもしろい生き方をする人のことだ。シンプルに森が好きで、自然に敬意を払い、自分の森と共に「はたらく！」こと。それは、生きることそのものである。

日本の森は豊かだ。まだたくさんの森が私たちを待っている。私の友人や知人で本書に紹介したくてもできなかった人や、まだ出会えていないけれども魅力的な人は山ほどいる。彼らと共に、また新しく森に向かい、懐かしくかつ新たな生き方を模索しながら、森の「これから」をたくさん表現していきたい。

その森と人に、誇りと永続性を。

編著者

古川大輔（ふるかわ だいすけ）
森林再生、地域再生コンサルタント、㈱古川ちいきの総合研究所代表。国産材ビジネススクール（大阪）、国産材ビジネスセミナー（東京）、Clubプレミアム国産材主幹。1976年新潟県生まれ。東京大学大学院博士課程中退後、㈱船井総合研究所、㈱アミタ持続可能経済研究所、㈱トビムシを経て2012年独立。幼少期を過ごした東京都町田市で裏山がなくなった原体験から、林業地の地域づくりに携わる。現在は、木材産地のまちづくりビジョンから、森林ビジョン策定、施業計画、品質管理、流通整備、PRなどのイメージ戦略までトータルなブランド構築を手がけ、林業・木材業に掛る中小企業の経営コンサルティングや研修・講演の実績多数。インターン生などを受け入れ、若手人材の強化や経営者育成にも力を入れる。共著書に『若者と地域をつくる』（原書房）。

山崎亮（やまざき りょう）
コミュニティデザイナー、studio-L代表、東北芸術工科大学教授（コミュニティデザイン学科長）、京都造形芸術大学教授（空間演出デザイン学科長）。1973年愛知県生まれ。地域の課題を地域に住む人たちが解決するためのコミュニティデザインに携わる。著書に『コミュニティデザイン』（学芸出版社）、『ソーシャルデザイン・アトラス』（鹿島出版会）、『コミュニティデザインの時代』（中公新書）、共著書に『テキスト ランドスケープデザインの歴史』『つくること、つくらないこと』『藻谷浩介さん、経済成長がなければ僕たちは幸せになれないのでしょうか？』『まちへのラブレター』（学芸出版社）、『コミュニティデザインの仕事』（ブックエンド）、『まちの幸福論』（NHK出版）、『幸せに向かうデザイン』（日経BP社）、『コミュニケーションのアーキテクチャを設計する』（彰国社）など。

編集協力：岩井有加

森ではたらく! 27人の27の仕事

2014年5月15日　第1版第1刷発行
2020年5月20日　第1版第6刷発行

編著者　古川大輔・山崎亮
発行者　前田裕資
発行所　株式会社 学芸出版社
京都市下京区木津屋橋通西洞院東入
電話075－343－0811　〒600－8216
装丁　三重野龍
印刷　イチダ写真製版
製本　山崎紙工

ISBN 978－4－7615－1339－9　Printed in Japan